마크로비오틱
스위츠

Patricio's Happy Macrobiotic Sweets

Photographer: Takeharu Hioki
Editor: Yayoi Moriyama
Original Design: Keisuke Nakamura

마크로비오틱
스위츠

파트리시오 가르시아 드 파레데스 지음 | 최우영 옮김

pan'n'pen

Contents

Japanese Sweets

Chapter 3

Special Sweets

Chapter 4

파트리시오의 메시지

건강하고 맛있는 스위츠를 즐겨보세요

식후에 먹는 달콤한 디저트, 피곤할 때 먹는 간식, 생일날 초를 꽂는 축하 케이크 그리고 선물이나 병문안 등……. 스위츠는 우리를 기쁘고, 활기차고, 행복하게 해줍니다. 만약 스위츠가 없다면 인생이 훨씬 재미없을 지도 모릅니다.

하지만 과하게 가공되고 정제된 재료와 첨가물이 들어간 스위츠, 고지방 버터와 생크림을 사용한 디저트를 너무 많이 먹게 되면 칼로리가 넘치거나 몸에 악영향을 줍니다. 또한 스위츠를 먹고 싶어도 달걀과 유제품에 알레르기가 있어서 먹지 못하는 사람도 있을 것입니다.

그렇다면 건강하고 안전한 재료로 맛있는 스위츠를 만들면 됩니다. 예를 들어, 정제된 백설탕 대신 비정제된 감미료를 사용하고, 버터와 달걀을 많이 넣는 대신 유기농 식물성 기름이나 두유를 사용하면 됩니다. 과일과 채소, 너트 등으로 스위츠를 만들어 먹어도 좋습니다. 이렇게 만든 스위츠의 단맛 성분은 백설탕 등의 단당류와 비교했을 때 다당류가 많아서 몸에 천천히 흡수됩니다. 그래서 혈당 수치가 급격하게 올라가지 않고, 몸에 스트레스를 주지 않습니다. 먹으면 편안해지며 기분 좋은 단맛이 몸에 퍼집니다. 당연히 보기에도 매력적입니다. 이런 스위츠라면 식사의 일부로서 먹어도 영양 균형이 맞고, 건강을 유지하는데도 도움이 됩니다.

파트리시오

마크로비오틱과 만나 음식이 인생에서 중요한 것으로

이 책의 스위츠는 마크로비오틱을 기본으로 삼고 있습니다. 마크로비오틱은 '자연에 속한 생명의 감사함'이라고 할 수 있는 식사와 라이프 스타일입니다. '과거처럼 균형 잡힌 식생활을 하고, 자연적이며 환경에 조화롭게 살자'는 아주 단순하며 상식적인 생각과 생활방식으로, 옛날부터 세계 어느 곳에서나 있던 것입니다. 현대의 마크로비오틱 운동은 일본에서 시작되었습니다.

제가 어린 시절에 어머니께서 중병에 걸리셨지만 마크로비오틱과 만나 식생활을 바꾸면서 건강을 회복하셨습니다. 어린 시절의 경험을 통해서 꿈을 실현하기 위해서는 건강이 중요하다는 것, 그리고 건강이라는 것은 '무엇을 생각하고, 무엇을 먹느냐'라는 매일의 선택으로 결정된다는 것을 배웠습니다.

어린이들도 건강한 간식으로 행복하게

이 책은 제가 세계 각국을 여행하며 마크로비오틱을 배우고, 가르쳐온 것들과 아이들의 아버지로서 경험한 것들을 바탕으로 썼습니다. 다른 여러 셰프들과 함께 건강을 지향하는 스위츠에 대해 고민해 온 지금까지의 경험도 참고로 하였습니다.

1장은 간단한 스위츠, 2장은 채소를 사용한 스위츠, 3장은 일본의 화과자에서 착안한 스위츠, 그리고 4장은 특별한 날을 위한 스위츠로 구성되어 있습니다. 모두 어렵지 않게 만들 수 있고, 재료도 자연식품 코너에서 일반적으로 구할 수 있는 것들입니다. 도구나 틀도 간단한 것들만 사용했습니다.

독자 여러분들도 이 책의 아이디어를 참고해서 자신만의 마크로비오틱 메뉴를 만들어보세요. 기본적인 레시피를 알게 되면 자신의 오리지널 스위츠를 만들 수 있습니다. 그만큼 건강한 스위츠의 가능성은 무한하게 늘어날 수 있습니다.

저의 아이들은 이런 스위츠를 매일 먹고 있지만 비슷한 또래의 아이들이 겪는 충치나 알레르기가 생긴 적이 없습니다. 생일 파티가 열리면 아이의 친구들과 그 부모들까지 마크로비오틱 스위츠를 즐겁게 즐기곤 합니다.

맛있고 질이 좋은 스위츠라면 자기 자신은 물론이며 주변의 사람들까지 건강해지고 행복해질 수 있습니다. 저는 지금까지 그런 일들을 많이 경험했습니다. 이 책을 보고 여러분께서 건강한 스위츠를 만들어 주시는 것이 제가 가진 꿈 중 하나입니다. 그리고 여러분 모두가 건강하게 자신의 꿈을 실현할 수 있기를 바랍니다.

〈마크로비오틱 스위츠〉의 한국어 번역본을 펴내며

이 책이 여러분에게 또 하나의 출발선이 되기를 바랍니다

마크로비오틱을 통해 몸이 바뀌면서 본격적으로 공부를 하고 이를 가르치며 13년을 지내 왔습니다. 짧지 않은 시간 동안 마크로비오틱에 대해 연구하며, 여러 사람에게 알리는 데 있어 믿을 수 있는 정보를 구하는 데 다소 어려움을 겪었습니다. 이런 어려움은 늘 '책'에 대한 목마름으로 이어졌습니다. 2018년 쿠시 마크로비오틱 스쿨의 한국학교로 자리매김하면서 출판을 결심하였습니다. 교육기관에 방문하지 못하는 분들, 마크로비오틱이란 어떤 것인지 알고 싶은 분들, 건강한 레시피에 몰두하는 여러분들을 위한 양질의 정보를 공유하고자 하는 마음입니다.

첫 번째 책으로 '스위츠'라는 분야를 택했습니다. 스페인에서 태어나 평생 마크로비오틱 생활방식으로 살아 온 파트리시오 선생의 경험이 고스란히 녹아 있는 책입니다. 저자의 어머니는 스페인에서 유명한 디저트 전문가였지만 오랜 지병이 있었고, 마크로비오틱을 통해 건강을 되찾았습니다. 저자는 자신의 인생에 쓴맛, 단맛을 모두 안겨준 '스위츠' 레시피를 꾸준히 연구하여 한 권의 책으로 엮어 냈습니다. 어릴 때부터 먹어 온 여러 가지 달콤한 맛의 기억과 마크로비오틱 조리법을 절묘하게 조화시킨 결과물입니다.

공교롭게도 저 역시 프렌치 레스토랑을 운영하며, 디저트 파트를 맡았는데 급속도로 건강이 쇠하였습니다. 원인을 알 수 없는 통증과 피로, 몸의 불균형으로 내내 고통스러워했습니다. 와중에 마크로비오틱을 알게 되었고, 이제는 마크로비오틱 연구가로써 살아가고 있습니다.

마크로비오틱이 낯설다면
스위츠부터 만나보세요

마크로비오틱은 단순히 음식을 가려먹는 식생활이 아닙니다. 자연을 거스르지 않는 생활과 식습관을 몸에 익히며 행복하고 건강한 삶, 나누는 삶을 실천하는 생활방식을 일컫습니다. 마크로비오틱을 시작하는 이들 또한 다양합니다. 단순한 호기심에서 시작하기도 하며, 요리에 대한 관심, 체질 개선, 신체에 생긴 문제, 가족의 질환, 환경 보호 등 다양한 목적을 가진 사람들이 마크로비오틱을 만나러 옵니다.

조리에 대한 경험치는 물론이며 입맛도 다르고, 식재료에 대한 선호도 다양한 이들을 대상으로 강의를 하다보면 어려움이 적지 않습니다. 이럴 때 여러 사람이 입을 모아 호감을 표현하고 맛있게 먹는 음식이 바로 '스위츠'입니다. 단순히 달콤한 음식이기 때문이라고는 생각하지 않습니다. 버터 없이 재현한 깊은 풍미, 달걀을 넣지 않고 완성한 부드러운 혹은 폭신거리는 식감, 흰 설탕보다 훨씬 다채로운 단맛을 내는 여러 가지 자연 감미료에 감탄하고 매혹되는 것입니다. 새로운 것을 배우고 발견하며, 경험하는 것은 누구에게나 즐거운 일이니까요.

일상 속 단맛 나는 음식부터 천천히 바꿔보세요

스위츠는 요리 초보라도 도전해볼 만한 레시피가 많습니다. 재료와 조리법이 단순하고, 조금 서투르게 완성한다고 해도 가족끼리 즐겁게 나누어 먹기에는 아무 지장이 없답니다. 마음에 드는 몇 가지 레시피를 익히다 보면 어느새 크리미한 무스케이크, 풍미 가득 과일 타르트, 촉촉한 롤 케이크, 향긋한 마들렌 등을 뚝딱 만들 수 있게 될 것입니다.
또한, 매일 먹는 식사를 마크로비오틱으로 단번에 바꾸기는 어렵습니다. 하지만 식후에 즐기는 달콤한 후식, 식사 사이의 허기를 채우는 일은 마크로비오틱 레시피를 활용하면 훨씬 건강하게 바꿀 수 있습니다. 이러한 작은 변화가 여러분의 몸을 좋은 방향으로 변화시킬 것이며, 입맛은 예전보다 섬세해질 것입니다.

풍미가 살아 있는 건강한 제과를 만날 수 있습니다

제빵에 있어서는 건강한 레시피가 다양하게 선보이고 있습니다. 맛과 향은 물론이며 식감까지 훌륭한 여러 가지 건강빵을 어렵지 않게 만날 수 있죠. 하지만 제과의 경우는 조금 다른 것 같습니다. 버터 같은 유제품, 달걀, 설탕을 사용하지 않는 제과는 여전히 맛보기 어렵습니다. 앞서 말한 재료를 제외하고 나면 제과류 특유의 풍미와 식감을 재현하는 것이 어렵기 때문입니다. 프렌치 레스토랑에서 디저트를 만들던 저에게도 무척 어려운 과제입니다.
이 책의 특별함은 바로 건강하되 제과의 매력을 고스란히 발산하는 훌륭한 레시피에도 있습니다. 〈마크로비오틱 스위츠〉에는 파트리시오 선생이 수없이 실패하면서 만든 완성도 높은 제과 레시피가 여럿 수록되어 있습니다.

마크로비오틱의 방향은 명확합니다. 자연을 거스르지 않으면서 건강한 몸과 정신을 가꾸는 생활방식을 추구합니다. 다만, 현대의 삶에서 그것이 얼마나 어려운지는 누구나 잘 알고 있습니다. 어느 날 갑자기 자신이 살고 있는 환경, 자신이 속해 있는 사회를 바꿀 수는 없습니다. 하지만 스스로 선택하는 음식과 식재료는 바꿀 수 있습니다. 그 작은 시작이 여러분과 가족에게 건강과 행복을 선사할 것입니다. 어렵지 않은 변화가 될 것입니다.

이명희

Chapter 1
Happy Sweets

행복해지는 간식 스위츠

손수 스위츠를 완성하였을 때, 그리고 누군가가 그것을 맛있게 먹을 때면 정말 행복한 기분이 듭니다. 이번 챕터에는 세계 각국의 스위츠에서 힌트를 얻은 것 중 준비와 조리가 간단한 레시피를 모았습니다. 모든 메뉴가 자연의 신선한 식재료와 몸에 좋은 감미료 등을 사용하고 있습니다. 간단한 스낵 메뉴도 있어 과자 만들기 초심자이거나 바쁜 분들에게 제격입니다.

01
Steamed Peaches
스팀 피치

01
Steamed Peaches
스팀 피치

복숭아가 제철인 계절에 추천하는 스위츠입니다.
조금 단단한 복숭아라도 조리하면 더 달고
부드러워집니다.

재료 4개 분량 1개 분량 122kcal

복숭아(백도) 4개, 비정제 첨채당*(혹은 메이플 슈거) 8큰술, 칡가루 ½작은술,
소금 한 자밤, 레몬즙 ¼개 분량

1. 젖은 행주로 복숭아 껍질을 닦아내고 깊은 용기에 넣은 다음 첨채당, 칡가루, 소금을 섞어 복숭아에 뿌린다.
2. 증기가 올라온 찜기에 ①을 넣고 첨채당이 시럽 상태가 될 때까지 센 불에서 뚜껑을 덮고 30~40분 동안 찐다.
3. 찜기에서 꺼내 복숭아 주변의 시럽에 레몬즙을 섞은 다음 복숭아에 흠뻑 뿌린다. 뜨거운 열을 식혀 냉장실에 넣어 차게 만든다.
4. 복숭아에 상처가 나지 않도록 껍질을 벗기고, 그릇에 담아 시럽을 뿌린다.

재료 4~5인분 1인분 91kcal

Ⓐ 딸기(혹은 메론, 복숭아, 블루베리 등 제철 과일) 300g(중간 크기 약 20개),
쌀엿**(혹은 메이플시럽) ⅓컵, 연두부*** 200g(약 ½모), 소금 한 자밤
사과 주스 ½컵, 한천가루 ¼작은술

1. Ⓐ를 푸드프로세서나 믹서에 모두 넣고 부드럽게 될 때까지 돌린다. 도중에 몇 번 멈춰서 전체를 균일하게 섞는다.
2. 작은 냄비에 사과 주스와 한천가루를 섞어 열을 가하고 끓어오르면 ①의 푸드프로세서에 넣어 함께 돌린다. 과일에 따라 단맛이 부족한 경우에는 쌀엿을 더 넣는다.
3. 아이스크림 메이커에 옮기고 원하는 굳기가 될 때까지 돌린 다음 보존용기에 옮겨 냉동실에서 얼린다.

파트리시오의 메모
아이스크림 메이커가 없다면 ②를 밀폐용기에 담아 냉동실에서 얼린 다음 한입 크기로 잘라 푸드프로세서로 부드럽게 갈아 다시 밀폐용기에 옮겨서 냉동실에서 얼리면 됩니다.

이런 식재료?
* **비정제 첨채당** 첨채당은 비트슈거(beet sugar) 즉, 사탕무의 뿌리를 원료로 만든 설탕입니다. 대체 재료인 메이플 슈거(maple sugar)는 설탕단풍나무의 수액으로 만든 설탕입니다.
** **쌀엿** 쌀엿은 조청을 말하는데 일본의 쌀엿이 우리나라의 조청보다 더 답니다. 단맛은 입맛에 맞게 조절하세요.
*** **연두부** 본래 조리법은 일본의 키누고시 두부(비단두부) 입니다. 우리나라의 연두부로 대신할 수 있습니다.

02

Strawberry Gelato

딸기 젤라토

이탈리아 젤라토는 과일 본래의
향을 즐길 수 있어야 합니다.
연두부를 사용하여 과일의 향을
거스르지 않으면서 부드럽고 깊은 맛이 나는
젤라토를 만들어보았습니다.

03

Sparkling Berries

스파클링 베리

샴페인처럼 거품이 나는 100% 과일 탄산음료로 심플하고 컬러풀한 스위츠를 만들었습니다. 라즈베리는 시럽에 담가두면 부드러워지기 때문에 디저트가 한층 맛있어집니다. 파티처럼 특별한 날에 꼭 만들어보세요.

재료 4개 분량 | 1개 분량 95kcal

젤리
Ⓐ 천연 과일 탄산 음료(혹은 애플 사이다·백포도 주스) 2컵, 한천가루 1작은술, 소금 한 자밤
블루베리 약 30알

토핑
천연 과일 탄산 음료(혹은 애플 사이다·백포도 주스) 적량, 라즈베리 약 30알. 메이플시럽 1½큰술

1 토핑 재료의 라즈베리와 메이플시럽을 섞어 1시간 동안 둔다.
2 블루베리는 이쑤시개로 구멍을 몇 군데 내놓는다.
3 젤리를 만든다. 작은 냄비에 Ⓐ를 넣고 가끔씩 저어가며 열을 가한다. 끓어오르면 불에서 내려서 블루베리를 넣고, 뜨거운 열이 식으면 유리컵에 담아 식혀서 굳힌다.
4 ③에 ①을 균등하게 넣고 토핑용 천연 과일 스파클링 음료를 붓는다.

재료 6인분 | 1인분 81kcal

오렌지 3개, 백포도 주스(혹은 사과 주스) 3½컵, 소금 한 자밤, 한천 플레이크* 2큰술

1 콤포트를 만든다. 오렌지는 모두 껍질을 벗기고 오렌지 ½개 분량의 껍질은 하얀 부분을 도려내고 남겨 놓는다.
2 냄비에 ①의 오렌지와 남겨 놓았던 껍질, 백포도 주스, 소금을 넣고 뚜껑을 덮어 끓인다. 끓어오르면 약한 불로 줄이고 30분 동안 익힌다. 오렌지, 오렌지 껍질, 국물 1컵을 각각 덜어 식혀 놓는다.
3 젤리를 만든다. ②의 냄비에 남은 국물에 한천을 넣고 가끔씩 섞어가며 열을 가한다. 끓어오르면 약한 불로 줄여서 10분 정도 한천을 녹이고 쟁반 등에 부어서 식힌다. 냉장실에서 식혀도 좋다.
4 소스를 만든다. ②의 오렌지 껍질을 곱게 채 썰어서 국물과 섞는다.
5 그릇에 ④를 깔고 오렌지를 가로로 반으로 잘라 놓은 다음 ③의 젤리를 포크로 으깨서 오렌지 위에 올려 장식한다.

이런 식재료?
* **한천 플레이크** 일본에서는 한천이 다양한 형태로 생산됩니다. 고운 가루, 입자가 있는 플레이크, 국수 모양, 막대 모양 등이 있습니다. 입자가 고운 것을 사용할수록 젤리가 부드러워집니다. 플레이크가 없다면 한천가루를 사용하면 됩니다. 단, 한천가루는 입자가 플레이크보다 훨씬 곱기 때문에 양을 줄여서 사용해야 합니다.

04

Orange Compote with Jelly

오렌지 콤포트와 젤리

와인을 넣고 끓인 과일 콤포트는
미국에서는 즐겨 먹는 디저트입니다.
와인을 주스로 바꾸어 만들어 보았습니다.
과일의 단맛처럼 상쾌한 맛이 납니다. 남은
콤포트 국물로는 젤리를 만들 수 있습니다.

05
Brown Rice Crispy
현미 크리스피

재료 8개 분량 2개 분량 96kcal

무가당 현미 플레이크 1½컵, 콩가루(취향에 따라) 적당량
Ⓐ 쌀엿 2½큰술, 무가당 살구 잼(혹은 오렌지 마멀레이드) ½큰술,
참깨 페이스트* 1½ 큰술, 백된장** ¼작은술

1 작은 냄비에 Ⓐ를 넣고 끓인 다음 약한 불로 줄인다. 섞어가며 약간 캐러멜 상태가 될 때까지 끓인다.
2 볼에 현미 플레이크를 넣고 ①을 넣은 다음 잘 섞는다. 뜨거운 열을 식히고 8등분 한 다음 손에 물을 묻혀서 동그랗게 만들고 취향에 따라 콩가루를 뿌린다.

재료 10개 분량 1개 분량 83kcal

쿠스쿠스 볼
물 ½컵, 두유 ½컵, 메이플시럽(혹은 쌀엿) ¼컵, 소금 한 자밤,
전립 쿠스쿠스*** ½컵, 레몬 껍질(간 것) ¼작은술, 아몬드가루(혹은 콩가루) ¼컵,
무가당 살구 잼(혹은 오렌지 마멀레이드) 소량
코팅
코코넛 플레이크(가볍게 볶은 것)·캐럽파우더****·구운 피스타치오(작게 부순 것) 적당량씩

1 쿠스쿠스 볼을 만든다. 냄비에 물, 두유, 메이플시럽, 소금을 넣고 열을 가하여 끓어오르면 쿠스쿠스와 레몬 껍질을 넣고 섞는다. 다시 끓어오르면 뚜껑을 덮고 아주 약한 불에서 5분 동안 익힌다.
2 ①에 아몬드 파우더를 섞고 쟁반에 옮겨서 젖은 행주로 덮어 식힌다.
3 ②를 가볍게 반죽해서 뭉치고 10등분 하여 손으로 동그랗게 만든다. 잼을 손에 덜어 쿠스쿠스 볼에 바른다.
4 마지막으로 코팅 재료를 취향에 따라 묻힌다.

간단히 스위츠를 만들 때에는 플레이크 상태의 곡물을 사용하면 편리합니다. 미국에서는 씨앗이나 견과류로 코팅한 것이 많지만, 일본에서는 콩가루가 인기입니다. 아이들에게 동그랗게 만들어보라며 함께 요리하는 것도 좋을 것 같습니다.

이런 식재료?
* **참깨 페이스트** 참깨를 페이스트 상태로 만든 것입니다.
** **백된장** 일본 시로미소. 쌀누룩을 사용해 만든 된장으로 단맛이 나고 짠맛은 비교적 적습니다.
*** **쿠스쿠스** 파스타의 친구입니다. 파스타와 같이 듀럼 밀가루로 만든 것으로 북아프리카가 원산지이며 주식처럼 먹습니다. 요리 시간이 짧아서 요리하기에 편리합니다. 전립(도정하지 않은 것) 상태의 것을 사용하면 좋습니다.
**** **캐럽파우더** Carob powder. 메뚜기콩의 어린 콩깍지 과육을 건조하여 분말로 만든 것입니다. 코코아처럼 사용합니다.

06

Cous Cous Truffles

쿠스쿠스 트뤼프

트뤼프(truffes)는 한입 크기의
스위츠입니다. 지중해 지역에서는
예전부터 트뤼프에 아몬드가루와
레몬 껍질을 넣었지만
콩가루도 잘 어울립니다.
코팅 재료를 바꿔서 여러 가지
방법으로 만들어보세요.

깨에는 비타민과 미네랄이 들어 있고 특히, 칼슘과 철분이 풍부합니다. 깨와 건포도를 섞어서 굽지 않고 완성할 수 있는 쿠키입니다. 영양의 균형이 잘 잡혀 있는 스위츠입니다.

07
Raisins and Sesame Seed Roll Cookies
건포도와 참깨 롤 쿠키

재료 16개 분량 | 2개 분량 106kcal

건포도 120g, 볶은 참깨 80g, 아니스파우더(혹은 으깬 아니스 씨) ¼작은술, 소금 한 자밤

1. 건포도를 부엌칼로 다지거나 푸드프로세서를 이용해 페이스트 상태로 만든 다음 볼에 옮겨 나머지 재료와 섞는다. 너무 단단하면 물 1작은술을 넣는다.
2. 봉 모양으로 반죽하여 오븐 시트로 감싼 다음 손으로 굴려서 16cm 길이로 만든다. 6시간에서 하룻밤 정도 굳힌 다음 1cm 두께로 자른다.

파트리시오의 메모
건포도 대신에 곶감을 사용해도 좋습니다.

08
Sweet Nuts
스위트 너트

재료 1컵 분량 | ⅕컵 분량 109kcal

구운 믹스 너트 1컵
시럽
메이플시럽 2큰술, 비정제 첨채당 1큰술, 소금 한 자밤

1. 시럽을 만든다. 냄비에 재료를 넣고 끓어오르면 약한 불로 줄인다. 섞어가며 약간 캐러멜 상태가 될 때까지 졸인다.
2. ①에 믹스 너트를 넣고 시럽이 너트에 잘 붙어서 수분기가 없어질 때까지 전체를 섞는다. 쟁반에 옮겨서 손으로 덩어리를 풀어 펼쳐서 식힌다.

파트리시오의 메모
너트는 캐슈너트, 아몬드, 땅콩, 피스타치오 등 알이 커다란 것을 사용하면 좋습니다.

스위트 너트는 세계적으로 사랑받는 스낵입니다. 넉넉한 양을 만들어 병에 담아 두고 조금씩 덜어 먹을 수 있어서 편리합니다. 다른 스위츠의 장식에 사용하거나 크리미한 디저트의 토핑으로 활용해도 좋습니다.

전립곡물, 너트나 씨앗, 마른 과일 등을 넣어 영양이 꽉 찬 아주 훌륭한 에너지 바입니다. 운동을 즐기는 분들은 가방에, 일상이 바쁜 분들은 책상 옆에 두고 식사대용으로 챙겨 먹으면 좋습니다.

09
Energy Bar
에너지 바

재료 4개 분량·14×11cm 틀 1개 분량　　1개 분량 139kcal

쌀엿 2½큰술, 비정제 첨채당 ½큰술
Ⓐ오트밀 ¼컵, 마른 과일(각종) 2큰술, 무가당 현미 플레이크 ¼컵, 구운 믹스 너트 ½컵, 파래가루 ½작은술

밑준비 틀에 식물성 기름(분량 외)을 바른다.

1 오트밀은 가볍게 볶고, 마른 과일은 다진다.
2 작은 냄비에 쌀엿과 첨채당을 넣고 끓인 다음 약한 불로 줄인다. 잘 섞으면서 약간 캐러멜 상태가 될 때까지 졸인다.
3 Ⓐ를 넣고 골고루 묻힌 다음 틀에 넣는다. 손에 물을 묻히고 표면을 눌러 평평하게 만든 다음 식혀서 4등분으로 자른다.

10

Strawberry Ravioli Perfumed with Rosehip

딸기와 로즈힙 라비올리

이탈리아에서는 프레시 파스타를 사용한 스위츠도 많이 만듭니다.
이 레시피는 파스타 대신 만두피를 이용해 만들어보았습니다.
딸기와 로즈힙 소스가 잘 어울리는 고급스럽고 아름다운 디저트입니다.

재료 10개 분량 1개 분량 61kcal

중력분 소량

라비올리

전립 만두피 20장, 딸기 5개, 무가당 딸기 잼 1큰술

로즈힙 소스

Ⓐ 물 1컵, 쌀엿(혹은 메이플시럽) ¼컵, 소금 한 자밤

로즈힙 티(티백 상태) 1개, 칡가루 1½작은술, 물 1큰술

밑준비 중력분에 소량의 물을 넣어 밀가루 물을 만든다.

1 소스를 만든다. 작은 냄비에 Ⓐ를 넣고 끓인 다음 불에서 내려 로즈힙 티백을 넣어 색과 향이 우러나면 꺼낸다. 칡가루를 물 1큰술에 넣어 푼 다음 로즈힙 티에 섞어가며 열을 가하고 끓어오르면 약한 불에서 색이 우러날 정도로 끓이고 식힌다.

2 라비올리를 만든다. 딸기는 작은 크기로 자르고 장식용으로 약간 남겨 둔 후 나머지는 잼과 섞어 딸기 소를 만들어 10등분 해둔다.[Point a] 만두피 1장 위에 딸기 소를 올리고 밀가루 물을 가장자리에 발라 다시 1장의 만두피를 덮은 다음 가장자리를 잘 여미고 틀로 찍어 놓는다.[Point b]

3 뜨거운 물에 라비올리를 살짝 데친 다음 찬물에 헹궈 물기를 뺀다.

4 그릇에 로즈힙 소스를 담고 라비올리를 놓은 다음 장식용 딸기를 올린다.

Point a

만두피에 딸기 소를 올리고 그 위에 다른 만두피 한 장을 덮을 때 안에 있는 공기를 빼고 가장자리를 잘 여며야 한다.

Point b

라비올리를 담을 그릇 크기를 고려하여 원형 틀이나 쿠키 틀로 찍는다. 꽃 모양 틀을 사용하면 예쁘다.

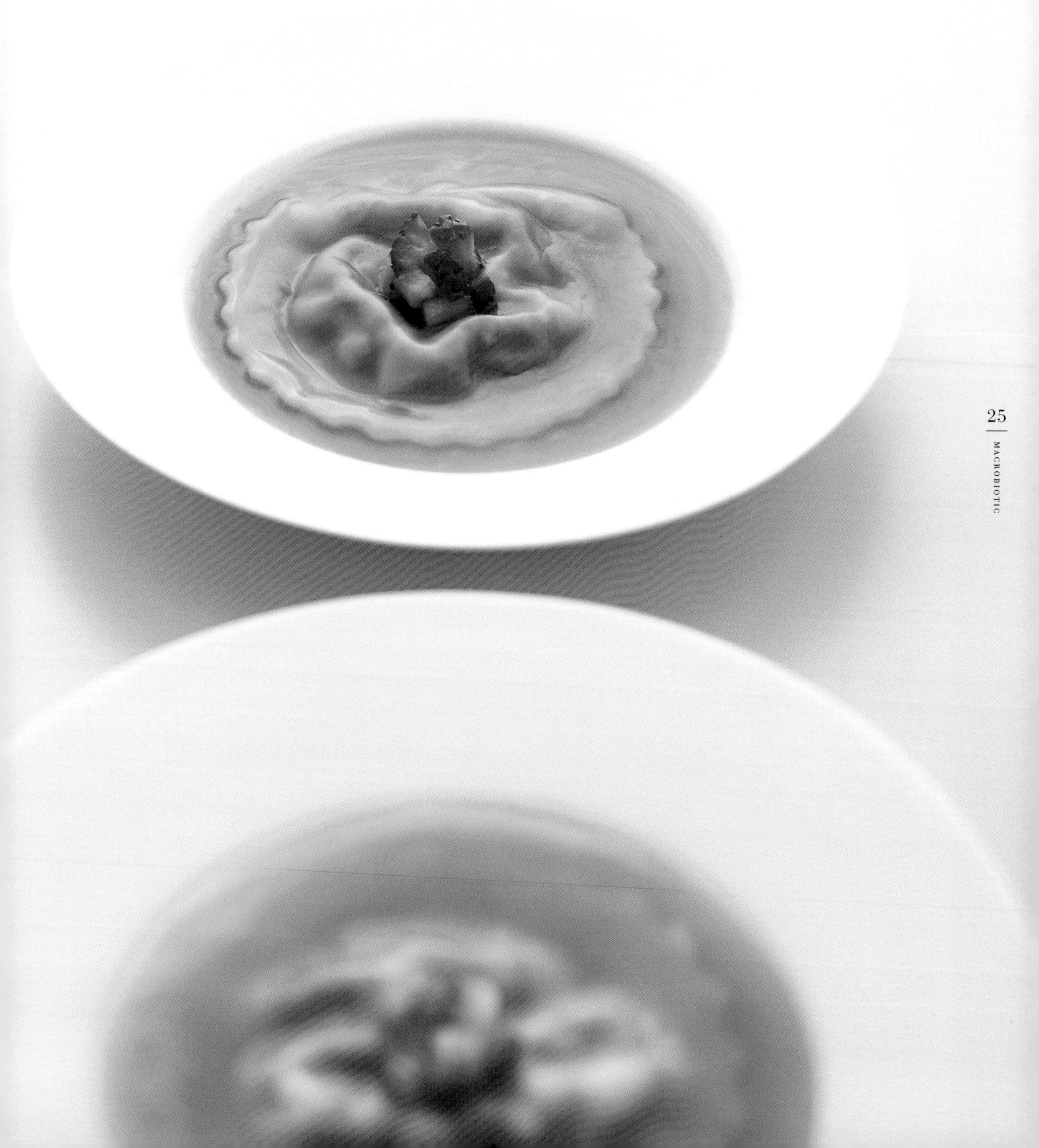

11

Rose Scented Almond Spring Roll

장미향아몬드 스프링롤

이 스위츠는 아랍의 전통 과자가 원형입니다.
100% 천연 로즈워터는 자연 화장품 점에서
팔고 있지만 로즈워터 대신 생강즙을 사용해도
맛있게 만들 수 있습니다.

재료 12개 분량 | 2개 분량 136kcal

스프링롤 페이퍼 3장, 중력분 적당량, 튀김기름 적당량

아몬드 페이스트

아몬드가루 50g, 비정제 첨채당 30g, 칡가루 ½작은술, 소금 한 자밤, 참마(간 것) 1큰술, 아몬드 에센스 ½작은술

로즈 시럽

메이플시럽 1큰술, 물 1큰술, 로즈워터* 1작은술

밑준비 중력분에 소량의 물을 넣어서 밀가루 물을 만든다.

1. 아몬드 페이스트를 만든다. 그릇에 모든 재료를 넣고 전체가 섞이도록 가볍게 반죽하고 너무 부드러운 경우에는 아몬드가루를 더 넣어 한 덩어리로 만든다. 12등분 하여 각각 손으로 굴려서 봉 형태로 만든다.
2. 스프링롤을 만든다. 스프링롤 페이퍼를 4등분 하여 ①을 올려 돌돌 만다. 중력분으로 만든 밀가루 물을 발라 양끝을 접어 붙인다.
3. 로즈 시럽을 만든다. 작은 냄비에 재료를 넣고 데운다.
4. ②를 고온의 기름에서 갈색이 될 때까지 튀기고 채반에 올려 기름을 뺀 다음 ③에 넣고 2~3분간 섞으며 전체에 묻혀 광택이 생기면 망 위에 올려 식힌다.

파트리시오의 메모
아몬드 에센스는 무가당 살구 파우더 1작은술로, 로즈워터는 생강즙 ½작은술로 바꿔서 만들어도 됩니다.

이런 식재료?
●**로즈워터** 천연 화장품 등을 만드는 미용 재료로 생산되는 로즈워터를 구해 사용해도 됩니다.
●●**생 참기름** 우리가 흔히 사용하는 참기름은 볶음 참깨의 기름을 짠 것입니다. 생 참기름은 볶지 않은 참깨의 기름을 짠 것입니다.

재료 4개 분량 | 1개 분량 183kcal

단호박 100g, 마른 살구 2개

Ⓐ 전립 박력분 50g, 전립 강력분 40g, 베이킹파우더 1작은술, 소금 ⅛작은술

Ⓑ 생 참기름●● 1큰술, 두유 ⅓컵, 비정제 첨채당 30g, 오렌지즙 2큰술

밑준비 머핀 틀에 종이 머핀 컵을 깐다. 찜기 뚜껑을 행주로 싼다.

1. 단호박과 마른 살구를 작은 크기로 자른다. 단호박은 증기가 올라온 찜기에 넣어 부드럽게 될 때까지 찐다.
2. 두 개의 그릇에 Ⓐ와 Ⓑ를 각각 넣고 거품기로 저은 다음 Ⓐ에 Ⓑ를 넣어 고무주걱으로 살살 섞는다.
3. 장식용 단호박을 남겨두고 ①을 ②에 넣은 다음 살짝 섞어 틀에 붓고 장식용 단호박을 뿌린다.
4. ③을 증기가 올라온 찜기에 넣고 뚜껑을 덮어 센 불에서 20분 동안 찐다. 꼬챙이로 찔러서 아무것도 묻어나오지 않으면 완성이다.

12

Steamed Chestnut Pumpkin Cupcake

찐 호박 컵케이크

미국에서는 구운 과자가 일반적이지만 동양에서는 예로부터 찐 과자가 많았습니다.
저도 일본으로 온 뒤에는 찐 과자의 매력에 푹 빠져서 그 폭신폭신한 식감을 즐기고 있습니다.

13

Apple Benier with Maple Carmel Syrup

사과 베니에와 메이플 캐러멜 시럽

비가 오거나 추운 날에 어울리는 것이
바로 따끈한 사과 튀김입니다.
메이플시럽은 졸이면 캐러멜 향이 나는데
사과의 부드러운 단맛과 잘 어울립니다.

재료 12개 분량　　2개 분량 120kcal

사과 1개, 튀김기름 적당량

메이플 캐러멜 시럽

메이플시럽 ¼컵, 물 2큰술

튀김옷

Ⓐ 중력분 45g, 칡가루(혹은 녹말가루) 1큰술(8g), 베이킹파우더 ¼작은술, 소금 한 자밤

Ⓑ 두유 ½컵, 메이플시럽 1큰술

1 사과의 껍질을 벗기고 4등분 한 다음 심을 제거하고 다시 세로로 3등분 한다. 증기가 올라온 찜기에서 부드럽게 될 때까지 찐 다음 식힌다.

2 시럽을 만든다. 작은 냄비에 메이플시럽을 넣고 중불로 가열하여 섞은 다음 끓어오르면 2분 정도 졸인다. 약간 캐러멜 상태가 되면 불에서 내려서 빠르게 물을 섞어 식힌다.

3 튀김옷을 만든다. 두 개의 그릇을 준비해 Ⓐ와 Ⓑ를 각각 넣고 거품기로 섞은 다음 Ⓐ에 Ⓑ를 넣어 섞는다.

4 사과에 밀가루(분량 외)를 약간 뿌리고 ③을 묻힌 다음 튀김옷이 갈색이 될 때까지 고온의 기름에서 튀긴다. 따뜻할 때 ②를 뿌린다.

파트리시오의 메모

사과는 조금 부드러운 것으로 만들어야 맛있습니다. 베니에는 배, 살구 같은 과일이나, 호박 등의 채소로 만들어도 됩니다.

14

Crêpes Suzette

크레이프 슈제트

크레이프는 여러 가지 스위츠로 변신할 수 있습니다.
슈제트는 프렌치 레스토랑에서만 먹을 수 있는 디저트 같지만 가정에서도 간단하게 만들 수 있습니다.

재료 8~10장 분량 1장 분량 102kcal

무가당 살구 잼(혹은 오렌지 마멀레이드) 적당량

크레이프 반죽

Ⓐ 전립 박력분 50g, 중력분 45g, 칡가루 2큰술(16g), 소금 ⅛작은술

Ⓑ 두유 1½컵, 생 참기름(혹은 카놀라유) 1큰술, 메이플시럽(혹은 비정제 첨채당) 1 큰술, 오렌지 껍질(간 것) ¼개 분량

오렌지 소스

오렌지즙 1½컵, 오렌지 껍질(노란 부분 다진 것) ½개 분량, 메이플시럽(혹은 비정제 첨채당·쌀엿) ¼컵, 미림* 1큰술, 소금 한 자밤

1. 반죽을 만든다. 두 개의 그릇을 준비해 Ⓐ와 Ⓑ를 각각 넣고 거품기로 섞는다. Ⓐ에 Ⓑ를 조금씩 넣어 섞은 다음 냉장실에서 1시간 정도 휴지시킨다.
2. 오렌지 소스를 만든다. 냄비에 재료를 모두 넣고 한소끔 끓인다.
3. 프라이팬을 데우고 식물성 기름(분량 외)을 바른 다음 반죽을 조금씩 국자로 흘려서 Point a 얇게 펼치고 구운 색이 나면 뒤집어서 Point b 굽는다. 깨끗한 마른 행주를 펼친 후 구워 낸 크레이프를 올린다.
4. ③의 구운 색이 난 면을 아래로 놓고 얇게 잼을 발라 4등분으로 접는다. ②에 넣고 열을 가하여 데운 후 소스와 함께 그릇에 담는다.

Point a

반죽은 국자로 떠서 기울였을 때 사진과 같이 떨어지는 농도로 만든다. 되기가 진한 경우에는 두유를 넣어 묽게 만든다.

Point b

반죽의 끝부분을 뒤집어 봐서 구운 색이 나면 조심스럽게 뒤집고 뒷면은 살짝 굽는다.

이런 식재료?

- **미림** 여기서 사용한 미림은 일반적으로 슈퍼마켓에서 구할 수 있는 '맛술'과는 조금 다릅니다. 되도록 알코올 함량 7% 이상, 당 함량 35% 이상인 미림을 사용하면 좋습니다. 구하기 어렵다면 시중에 판매하는 미림(맛술)을 사용하세요.

파트리시오의 메모

잼 대신에 두유 휘핑크림(90쪽)이나 두유 커스터 크림(91쪽), 과일을 넣어도 맛있습니다.

파트리시오의 '나의 마크로비오틱 라이프' 1

나는 스페인에서 태어났다.
마크로비오틱 요리를 가르치는
어머니에게 음식을 배웠다.

나는 바르셀로나에서 태어났고 형이 한 명 있다. 내가 어렸을 때 우리 가족은 지중해의 작은 섬 이비사(ibiza)에서 살았다. 어머니는 형을 낳았을 무렵부터 신장결석을 앓았고, 알레르기 체질이었기 때문에 내가 3~4살 정도 되었을 무렵 어머니의 몸 상태는 매우 나빠졌다. 이비사 섬은 많은 영국인과 프랑스인들이 별장을 가지고 있는 섬이다. 건축가였던 아버지 덕에 우리 가족은 별장에 살던 사람들과 사이가 좋았는데 그들이 허브를 사용한 대체 치료에 대해 알려주었고, 동물성 식품이 여러 가지 병의 원인이 된다는 것도 가르쳐주었다.

어머니가 육식을 그만두면서 우리 가족의 주식도 식물성 식품 위주로 바뀌었다. 또한 지역에서 자라는 신선한 채소를 찾아 섬의 농가를 돌아다니게 되었다. 그러면서 어머니의 건강은 점점 나아졌지만 안타깝게도 섬 안에서 얻을 수 있는 정보는 그다지 많지 않았다. 그러던 중 미국에서 바르셀로나로 강의를 하러 온 쿠시 미치오 선생님(마크로비오틱 지도자, 고인)의 수업을 듣게 되었다. 어머니는 육식은 그만 두었지만 달콤한 음식은 정말 좋아하셨다. 당시 스페인에서는 너트와 과일을 사용한 소박한 스위츠가 많았지만 남미 칠레 출신이었던 어머니는 미국의 영향을 받아 백설탕과 생크림이 잔뜩 들어 있는 스위츠를 좋아했고 주변 사람들에게 만드는 법을 가르치기도 하였다. 쿠시 선생님은 백설탕과 유제품의 문제점을 지적하였고 어머니도 그것을 납득하게 되었다. 그래서 스위츠의 질을 바꾸게 되었다. 그리고 몸 상태가 기적적으로 좋아지게 되었다.

그 후로 우리 가족은 마크로비오틱 식생활로 완전히 바뀌었다. 집에서는 가끔씩 요리와 스위츠의 수업이 열리게 되었고, 많은 사람들이 모여들면서 생활의 중심 공간은 주방이 되었다. 나 역시 자연스럽게 마크로비오틱 요리와 스위츠를 배우게 되었다. 유럽 지역에서 마크로비오틱의 선구자가 되신 어머니는 마크로비오틱에 대하여 더 많은 공부를 하고 싶었기에 미국으로의 이주를 결심하였다. 1985년 나 또한 함께 미국으로 가게 되었다.

52 페이지에서 계속

칠레 출신의 어머니, 스페인 출신의 아버지, 그리고 나와 형. 이렇게 4인 가족이다.

일본 문화에 흥미가 생겨 어린 시절에는 유도를 배웠다.

13살 무렵 마크로비오틱에 흥미를 가진 사람들이 모이는 보스턴으로 가족 여행을 갔다.

Chapter 2
Healthy Vege Sweets

아름다워지는 건강 채소 스위츠

건강한 채소를 사용하여 만든, 지금까지 볼 수 없었던 색다른 단맛 요리를 소개합니다. 채소에는 식물 섬유질, 미네랄, 비타민뿐 아니라 몸에 좋은 다당류도 풍부하게 함유되어 있습니다. 이 당분이 부드러운 단맛을 내기 때문에 맛의 균형을 잡아주며 단맛에 대한 강한 욕구를 가라앉혀 줍니다. 몸속부터 아름다워지고 싶은 분들에게 추천합니다.

01

Simmered Black Soybeans and Dried Prunes

검은콩과 자두 익힘

01
Simmered Black Soybeans and Dried Prunes
검은콩과 자두 익힘

검은콩이 가진 은은하고 자연스러운 단맛과 크리미한 식감은 디저트로 잘 어울립니다. 자두와 검은콩은 모두 식물 섬유가 풍부하고 소화를 돕습니다. 무엇보다 행복한 기분을 선사하는 심플한 디저트입니다.

재료 4~5인분 　　　　1인분 234kcal

검은콩 150g, 다시마 1장(우표 크기), 자두(씨는 제거) 200g, 소금 ¼작은술, 비정제 첨채당 2큰술, 유자 껍질(노란 부분 채 썬 것) 소량

밑준비 검은콩은 물에 담가 6시간에서 하룻밤 정도 불린다.

1. 압력솥에 물기를 뺀 검은콩과 물 2컵을 넣고 끓인 다음 거품을 제거한다. 물 1컵과 다시마를 넣고 뚜껑을 덮어 압력이 차면 약한 불에서 20분간 익힌다.
2. 압력을 뺀 후 다시마를 꺼낸 다음 반으로 썬 자두와 소금을 넣고 일반 냄비 뚜껑을 덮는다. 끓어오르면 약한 불로 줄여서 10분 동안 익히고, 첨채당을 넣고 다시 2~3분 동안 익힌다.
3. 그릇에 담고 유자 껍질을 올려 장식한다.

재료 4~5인분 　　　　1인분 72kcal

연근 큰 것 1개(약 400g)

연자육 소

연자육(말린 것) 50g

Ⓐ 메이플시럽 1큰술(혹은 쌀엿), 비정제 첨채당 1큰술, 칡가루 1작은술, 소금 한 자밤

밑준비 연자육을 물에 담가 6시간에서 하룻밤 정도 불린다.

1. 증기가 올라온 찜기에 연근을 넣고 30분 정도 찐다.
2. 연자육 소를 만든다. 연자육의 싹을 제거하여[point a] 압력솥에 넣고 잠길 정도로 물을 부은 다음 압력이 차면 약한 불에서 15분 동안 삶는다. 압력을 빼고 물기를 뺀 다음 으깨거나 푸드프로세서에 간다.
3. 작은 냄비에 ②와 Ⓐ를 넣고 섞은 다음 열을 가하여 점성이 생길 때까지 반죽한다. 쟁반으로 옮겨서 젖은 행주로 덮어 두었다가 식으면 전체를 가볍게 비빈다.
4. ①의 연근의 양 끄트머리를 잘라내고 ③에 연근을 누르듯이 밀어서 구멍에 소를 채운 다음[point b] 먹기 좋은 두께로 썬다.

파트리시오의 메모

연근은 계절과 재료에 따라서 찌면 보라색이 되는데 여기서는 그 색깔을 이용하였습니다. 연자육 소 대신에 흰 콩소(93쪽)를 사용해도 좋습니다.

02
Steamed Lotus Root with Sweet Lotus Seed Paste
연자육을 넣은 삶은 연근

Point
a

연자육의 싹은 맛이 쓰기 때문에 물로 불린 다음 반으로 잘라보고 싹이 있으면 제거해야 한다.

Point
b

사진처럼 한 덩어리로 반죽한 연자육 소에 연근을 눌러 구멍에 소를 밀어 넣는다. 윗부분의 구멍으로 연자육 소가 튀어나올 때까지 반복한다.

연자육(연근의 씨앗)으로 속을 만들어 연근에 채운 디저트입니다.
연근을 쪄서 익히면 끈끈한 식감과 향이 좋은 심플한 요리를 만들 수 있습니다.
연자육은 콩고물처럼 사용할 수 있습니다.

03

Baked Sweet Potatoes Stuffed Soymilk Custard

두유 커스터드를 채운 고구마 구이

고구마를 좋아하는 사람들을 위해 만든 특별한 디저트입니다.
고구마는 구워서 익히면 단맛이 강해지는데 여기에 고구마 커스터드를 채우고,
소보로를 올려서 멋들어지게 만들어보았습니다.

재료 6개 분량 1개 분량 74kcal

고구마 중간 크기 2개(1개 약 250g), 칡가루 2작은술, 두유 1큰술
Ⓐ 메이플시럽 1작은술, 시나몬파우더 ⅛작은술, 소금 한 자밤

커스터드
두유 4큰술, 쌀엿 2작은술, 소금 한 자밤

밑준비 오븐을 200℃로 예열한다.

1. 고구마를 알루미늄 호일로 싼 다음 오븐에서 50분 정도 굽는다. 양 끝을 잘라내고 3cm 길이로 6개를 만든 다음 가운데를 조금 파낸다.[Point a]
2. 파낸 고구마 알맹이와 끝 부분을 함께 으깨서[Point b] 약 200g을 만든다.
3. 커스터드를 만든다. 작은 냄비에 ②의 으깬 것 30g과 커스터드 재료를 넣고 거품기로 섞어가며 부드럽게 될 때까지 열을 가한 다음 ①의 파낸 곳에 넣는다.
4. ②의 으깬 고구마 남은 것에 두유로 녹인 칡가루와 Ⓐ를 넣고 약한 불로 가열하여 고구마 소가 될 때까지 반죽하고 식힌다. 구멍이 큰 채반에 내려서 소보로를 만든 다음 ③에 소복하게 얹는다.
5. 알루미늄 호일에 ④를 올리고 구운 색이 날 때까지 오븐에서 8분간 굽는다.

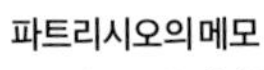

파트리시오의 메모
고구마를 구울 때 알루미늄 호일이 들러붙지 않도록 호일을 살짝 구겨 주름을 잡아 놓으면 좋습니다.

Point (a)

커스터드를 채우기 위해서 가운데를 파낸다. 멜론 볼러를 사용하면 깔끔하게 파낼 수 있지만 작은 숟가락을 사용해도 된다.

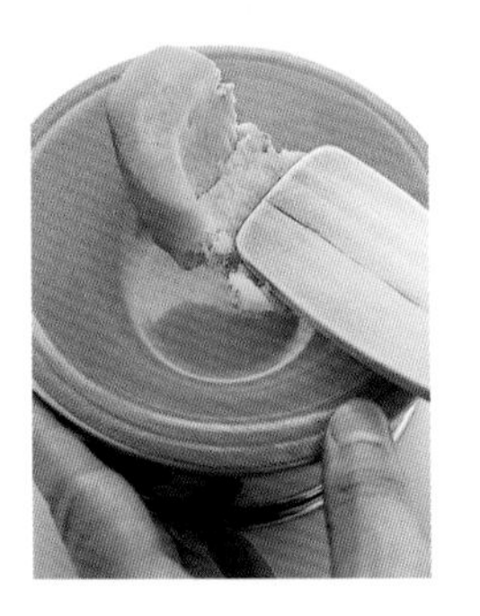

Point (b)

고구마 껍질을 벗기고 절구에 넣어서 정성스럽게 으깨어 부드럽게 만들면 좋다.

04
Lotus Root Mini Balls
연근 경단

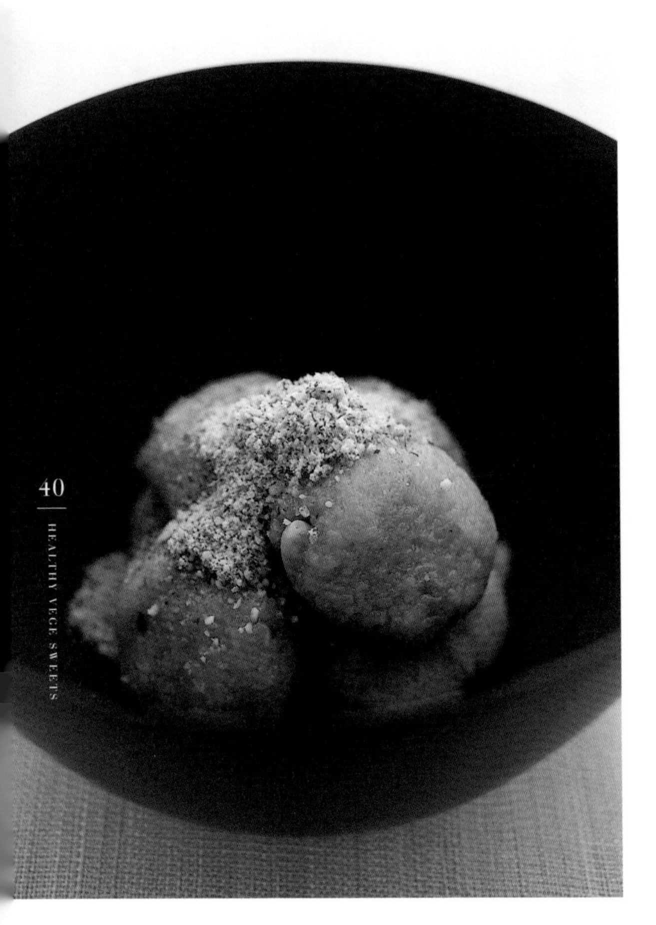

연근의 쫀득쫀득한 식감에 사과의 상큼함을 더하였습니다. 호박씨를 간 다음 단맛을 더하여 만든 호박씨 설탕은 다른 스위츠나 떡 등을 만들 때에도 이용할 수 있습니다.

재료 4인분 1인분 114kcal

사과 ½개, 연근 250g

Ⓐ 잣 2큰술(20g), 비정제 첨채당 2작은술, 칡가루 1작은술, 소금 한 자밤

호박씨 설탕

호박씨* 2큰술(20g), 비정제 첨채당 1½큰술(15g)

1 사과의 껍질에 왁스가 묻어 있으면 껍질을 벗기고 심을 제거한다. 연근과 함께 갈아서 작은 냄비에 넣은 다음 Ⓐ를 넣어 잘 섞고 중불로 가열한다. 점성이 생길 때까지 3분 정도 저은 다음 쟁반에 붓고 젖은 행주로 덮어 식힌다.
2 호박씨 설탕을 만든다. 호박씨는 씻어서 프라이팬에 볶고 절구로 작게 갈아 둔다. 첨채당도 절구로 갈아서 호박씨와 섞는다.
3 손에 물을 적신 상태로 ①을 한입 크기로 동그랗게 만든 다음 ②를 뿌린다.

재료 6개 분량 1인분 69kcal

토란 경단

토란 150g, 찹쌀가루** 25g, 사과 주스 2큰술, 메이플시럽 ½큰술, 소금 한 자밤, 파래가루 소량

시럽

마른 구기자 1½큰술(10g), 레몬즙 1작은술

Ⓐ 물 1컵, 메이플시럽 4작은술, 쌀엿 4작은술, 레몬 껍질(채 썬 것) ¼개 분량, 소금 한 자밤

1 마른 시럽을 만든다. 작은 냄비에 Ⓐ를 넣고 섞어서 끓인 다음 구기자를 넣고 불에서 내린다. 여기에 레몬즙을 섞어 식힌다.
2 토란 경단을 만든다. 토란을 증기가 오른 찜기에서 부드러워질 때까지 찐 다음 껍질을 벗기고 절구로 매끄럽게 간다.
3 그릇에 찹쌀가루와 사과 주스를 넣어 섞은 다음 메이플시럽을 섞고 ②에 넣는다. 소금과 파래가루를 넣고 계속 섞는다.
4 ③을 6등분 한 다음 숟가락 두 개를 사용하여 타원형으로 만들어 뜨거운 물에 넣고 1분 동안 삶는다. 얼음물에 담갔다 꺼내 물기를 뺀다.
5 그릇에 ④를 담고 시럽을 부은 다음 레몬 껍질로 장식한다.

이런 식재료?

* **호박씨** 예전부터 호박씨는 간식처럼 먹어왔습니다. 가볍게 볶아서 샐러드 토핑으로 사용하거나 부숴서 케이크 반죽에 넣는 것도 좋습니다. 비타민과 미네랄이 풍부합니다.

** **찹쌀가루** 일반적으로 판매하는 찹쌀가루를 사용하면 됩니다. 단, 방앗간에서 파는 찹쌀가루는 레시피에 맞지 않으니 피해주세요.

05
Taro Potato Dumplings in Wolfberry and Lemon Syrup
토란 경단과 구기자 레몬 시럽

참마를 사용한 디저트에서 힌트를 얻었습니다.
갈아 놓은 토란에 찹쌀가루를 섞으면
폭신거리는 특이한 식감이 됩니다.
여기에 파래를 넣어 향을 더했습니다.

06

Turnip and Amazake Shake

순무 감주 셰이크

순무의 자연스러운 단맛은 크리미한 디저트로 만들기에 딱 좋습니다. 감주로 단맛을 더하면 여성과 아이들이 좋아하는 음료가 됩니다. 채소를 싫어하는 아이들을 위해 디저트에 채소를 조금씩 넣어보세요.

재료 4~5인분 1인분 50kcal

순무 3개, 시나몬파우더(취향에 따라) 소량

Ⓐ 현미감주* ¾컵, 귤즙 ¼컵(혹은 오렌지 주스), 두유 ½컵, 소금 한 자밤

1 순무를 4등분으로 자르고 증기가 오른 찜기에 넣어 부드럽게 익힌 다음 식혀 놓는다.

2 믹서나 푸드프로세서에 ①과 Ⓐ를 넣고 매끄럽게 간다. 물 1컵을 넣고 좀 더 섞은 다음 취향에 따라 물을 더 넣어 농도를 조절한 뒤 냉장실에 두어 차갑게 만든다.

3 잔에 따르고 시나몬 파우더를 뿌린다.

이런 식재료?

* **현미감주** 현미로 지은 밥과 현미누룩으로 만든 감주입니다. 엿기름을 사용해서 만드는 식혜와는 다릅니다.

07
Steamed Chestnut Pumpkin with Red Beans
달콤한 호박과 팥 찜

마크로비오틱에서 빠질 수 없는 식재료가 있다면
바로 팥과 호박이며 주로 찜으로 요리합니다.
두 가지 재료는 모두 혈당수치를 조절하는
췌장에 좋다고 합니다. 이번 요리에서는
호박과 팥에 연하게 단맛을 더해 디저트로
만들어 보았습니다.

재료 4~5인분 1인분 195kcal

팥 100g, 다시마(우표 크기) 1장, 단호박 ½개, 소금 한 자밤, 쌀엿 ¼컵

밑준비 팥은 물에 담가 6시간에서 하룻밤 정도 불린다.

1 냄비에 물기를 뺀 팥과 다시마를 넣고 잠길 정도로 물을 부어 끓인다. 끓이다보면 물이 졸아들기 때문에 1컵 정도의 물을 더 넣고 뚜껑을 덮어 팥이 부드럽게 익을 때까지 약한 불에서 40분 정도 끓인다. 삶는 도중에라도 팥이 항상 잠길 정도로 물을 더 넣는다.
2 단호박을 한입 크기로 잘라서 팥 위에 올리고 소금을 뿌린 다음 뚜껑을 덮어 끓인다. 끓어오르면 약한 불로 줄이고 10분, 그리고 쌀엿을 넣고 5분 동안 끓인다. 냄비를 흔들어 팥과 호박이 잘 섞이게 한 뒤 몇 분간 뜸을 들이며 더 익힌다.

08

Millet Rice and Pear Compote with Nuts Topping

아몬드를 얹은 좁쌀과 서양 배

최근에 많은 분들이 전립곡물 즉, 도정하지 않은 곡물의 중요성을 깨닫기 시작하면서 잡곡 또한 주목을 받고 있습니다. 잡곡은 과일을 사용한 디저트와도 궁합이 좋습니다.

재료 4~5인분 1인분 149kcal

콤포트

좁쌀(혹은 차조) 40g, 서양 배 2개, 서양 배 주스(혹은 사과 주스) 1½컵, 생강(다진 것) ½작은 술, 소금 한 자밤

너트 토핑

슬라이스 아몬드 ¼컵, 쌀엿 1작은술, 백된장 ¼작은술

1. 콤포트를 만든다. 서양 배는 작은 크기로 자른다. 냄비에 주스를 넣어 끓인다. 서양 배, 좁쌀, 생강, 소금을 순서대로 넣고 뚜껑을 덮는다. 끓어오르면 아주 약한 불로 20분 동안 익히고, 불을 끄고 섞은 다음 3분간 뜸을 들인다.
2. 토핑을 만든다. 작은 냄비에 쌀엿과 백된장을 섞어 열을 가한 후 아몬드를 넣고 수분기가 없어질 때까지 섞은 다음 쟁반 등에 옮긴다. 식으면 손으로 부순다.
3. 그릇에 ①을 담고 ②를 곁들인다.

09

Sweet Vegetable Soup with Millet

찰수수를 넣은 달콤한 채소 수프

이 수프는 디저트가 아니지만 채소의 자연스러운 단맛이 참 좋으며 몸을 따뜻하게 해줍니다. 식사를 할 때 이처럼 자연스러운 단맛을 곁들이면 단맛이 나는 음식에 대한 강한 욕구가 사라지게 됩니다.

재료 4~5인분　　1인분 53kcal

양파 ½개, 당근 ½개, 단호박 ⅛개, 양배추 큰 것 2장,
찰수수 2큰술(20g), 소금 1작은술,
이탈리안 파슬리(다진 것) 소량

1. 채소는 각각 네모나고 작게 자른다.
2. 냄비에 채소와 찹쌀수수를 넣고 물 4컵을 부은 다음 끓인다. 끓어오르면 뚜껑을 덮어 약한 불에서 15분 동안 익힌다. 소금으로 간을 하고 다시 10분 동안 익힌다.
3. 그릇에 담고 이탈리안 파슬리를 뿌린다.

10
Lily Root Crème Caramel
백합뿌리 크림 캐러멜

백합뿌리는 아주 고급 식재료로 형태가 아름답고
자연스러운 단맛을 가지고 있습니다.
백합뿌리로 커스터드 크림을 만들고 곡물 커피로 캐러멜의
쌉싸래한 맛을 내보았습니다. 커스터드와 캐러멜
디저트는 프랑스식 스위츠의 단골 메뉴입니다.

재료 5인분 1인분 114kcal

백합뿌리 1개(60g), 소금 한 자밤, 칡가루 1작은술, 물 1큰술
Ⓐ 두유 2컵, 쌀엿 1½큰술, 메이플시럽 1½큰술, 한천가루 ½작은술
캐러멜
메이플시럽 2큰술, 곡물 커피* ½작은술, 물 1작은술

1. 백합뿌리를 1장씩 벗겨내면서 더러운 것은 버린다. 냄비에 백합뿌리, 물 ¼컵, 소금을 넣고 뚜껑을 덮어 약한 불에서 10분 정도 삶은 다음 간다.
2. 캐러멜을 만든다. 곡물 커피는 물 1작은술로 녹이고 작은 냄비에 메이플시럽과 함께 넣고 섞으면서 끓인다. 한소끔 끓으면 틀 5개에 나눠 담고 냉장실에서 식힌다.
3. 냄비에 ①과 Ⓐ를 넣고 섞으면서 열을 가하여 백합뿌리를 녹인다. 잘 안 녹을 경우에는 거품기를 사용한다. 끓어오르면 약한 불로 줄이고 물 1큰술에 녹인 칡가루를 조금씩 넣으면서 끊임없이 저어가며 다시 3분 정도 끓인다.
4. ③을 ②에 붓고 열기가 조금 가시면 냉장실에서 식힌다. 틀에서 떼어내 그릇에 담고, 백합뿌리를 곁들인다.

이런 식재료?
- **곡물 커피** 곡물 커피는 유럽의 전통적인 논 카페인 음료입니다. 곡물이 원료로서 치커리 뿌리나 너트 등으로 향을 낸 것도 있습니다. 인스턴트 제품이기 때문에 뜨거운 물에 녹이기만 하면 되므로 먹기에도 편리합니다.

재료 4인분 1인분 73kcal

옥수수 작은 것 1개, 블루베리 200g, 비정제 첨채당 적당량
Ⓐ 비정제 첨채당 1½큰술, 두유 ½컵, 소금 한 자밤

밑준비 오븐을 190℃로 예열한다.

1. 옥수수는 알갱이를 갈아서 ½컵을 만들고 작은 냄비에 Ⓐ와 함께 넣고 섞으면서 열을 가한다. 끓어오르면 약한 불로 줄여 2분 정도 익힌다.
2. 내열그릇 4개에 블루베리를 균등하게 나눠 넣고 ①을 부은 다음 첨채당을 뿌린다.
3. 오븐이나 오븐 토스터에서 블루베리가 터질 정도로 약 3분 동안 굽는다. 따뜻할 때 먹는다.

11
Corn and Blueberry Gratin
옥수수와 블루베리 그라탱

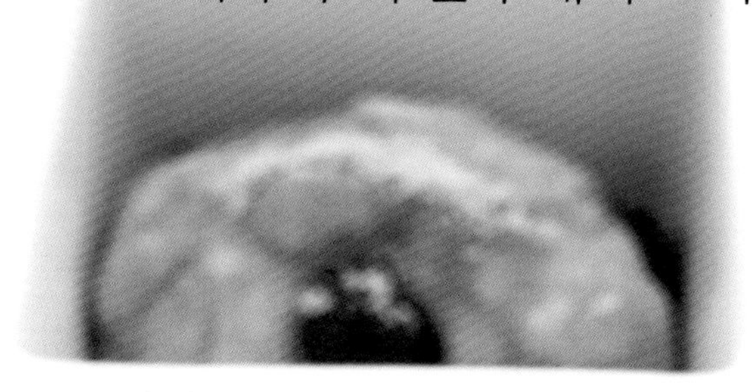

옥수수와 블루베리라는 의외의 재료
두 가지를 조화시킨 디저트로 채소에서 나오는
자연스러운 단맛을 살렸습니다.

12

Yam and Shiso Sherbet, Turnip Sherbet

참마와 차조기 셔벗, 순무 셔벗

과일과 마찬가지로 채소를 가지고도 셔벗을 만들 수 있습니다. 채소로 만든 셔벗은 산뜻한 맛이 납니다. 참마와 순무 이외에도 채소의 종류를 바꾸어 만들어보세요. 검은 쌀을 볶아 팝콘처럼 만들어서 토핑으로 올려 보았습니다.

참마와 차조기 셔벗(사진 왼쪽)

재료 4~5인분　　1인분 129kcal

참마 300g, 소금 한 자밤, 초록 차조기* 10장, 메이플시럽(혹은 쌀엿) ½컵, 두유 ½컵

검은 쌀 퍼프

검은 쌀 2큰술

1. 참마의 껍질을 벗기고 얇게 자른 다음 냄비에 물 1¼컵과 소금을 넣고 끓어오르면 참마를 넣어 10분 정도 삶아 식힌다. 초록 차조기는 살짝 데쳐서 얼음물에 담갔다가 물기를 짜서 다진다.
2. ①, 메이플시럽, 두유를 믹서나 푸드프로세서에 넣고 매끄럽게 될 때까지 간다.
3. ②를 아이스크림 메이커에 옮기고 원하는 되기가 될 때까지 돌린 후 용기에 옮겨 냉동실에서 얼린다.
4. 검은 쌀을 살짝 물에 헹궈 물기를 뺀 다음 중불의 프라이팬에서 '펑'하고 부풀어 오를 때까지 볶아 검은 쌀 퍼프를 만든다.
5. 그릇에 ③을 담고 ④를 곁들인다.

순무 샤베트 (사진 오른쪽)

재료 4~5인분　　1인분 105kcal

참마를 순무로 바꾸고 초록 차조기를 넣지 않고 같은 방식으로 만든다.

이런 식재료?

- **초록 차조기** 차조기는 소엽 즉, 시소를 말합니다. 소엽은 잎의 색깔이 초록색인 것, 보라색인 것이 있습니다. 이 레시피에서는 초록색 소엽을 사용하고 있습니다.

파트리시오의 메모

참마 대신에 호박이나 백합뿌리로 만들어도 좋습니다. 그럴 경우 초록 차조기는 넣지 않습니다. 아이스크림 메이커가 없으면 그릇에 담아 냉동실에서 얼린 다음 한입 크기로 잘라서 푸드프로세서로 간 다음 다시 용기에 담아 냉동실에서 얼립니다.

13

Steamed Carrot Pound Cake

당근 스팀 파운드케이크

유럽 사람들이 미국으로 이주했을 때
미국에서 생산되는 당근을 케이크에 넣기 시작하면서
당근케이크는 미국에서 유명한 메뉴가
되었습니다. 이번 요리에는 채 썬 당근을 넣어
맛과 향을 더욱 풍부하게 만들었습니다.

재료 18×8cm 파운드 틀 1개 분량 1/6개 분량 150kcal

당근 작은 것 1개(100g), 건포도 2큰술(20g), 푸른 양귀비 씨* 4작은술
Ⓐ 전립 박력분 75g, 전립 강력분 60g, 베이킹파우더 1½작은술, 소금 ⅛작은술
Ⓑ 비정제 첨채당 30g, 당근 주스 ½컵, 생 참기름(혹은 카놀라유) 1큰술

밑준비 • 파운드 틀에 식물성 기름(분량 외)을 바른다.
• 찜기 뚜껑을 행주로 감싼다.
• 건포도를 물에 불려 부드럽게 만든다.

1 당근을 채 썬다.
2 두 개의 그릇을 준비해 Ⓐ와 Ⓑ를 각각 넣고 거품기로 잘 섞은 다음 Ⓐ에 Ⓑ를 넣어 섞는다. 거기에 다시 ①, 건포도, 양귀비 씨 3작은술을 넣고 섞는다. 파운드 틀에 붓고 표면을 평평하게 정리한 후 양귀비 씨 1작은술을 골고루 뿌린다.
3 증기가 올라온 찜기에 ②를 넣고 약한 불에서 30분간 찐다. 꼬챙이로 찔러서 아무것도 묻어나오지 않으면 완성이다. 틀에서 빼내어 식힌다.

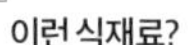

이런 식재료?
• **양귀비 씨** 일본의 팥빵 위에 자주 뿌려져 있는 작고 하얀 씨앗입니다. 일반적으로는 양귀비 씨는 희거나 검은 색이지만 이번에 사용한 것은 푸른색 양귀비 씨입니다. 일본에서는 제과제빵 재료상에서 구할 수 있습니다. 한국에서는 방산시장에서 포피시드(poppy seed)로 문의하면 양귀비 씨를 구할 수 있습니다.

파트리시오의 '나의 마크로비오틱 라이프' 2

미국 보스턴의 쿠시 인스티튜트에서
공부하며 '마크로비오틱으로 세계에
공헌하고 싶다'는 생각을 갖고
세계를 여행하던 청년 시절

미국에서는 제 2차 세계대전 이후부터 사람들의 식생활에서 문제점이 대두되기 시작했다. 그리고 1977년 상원의원 맥거번이 작성한 '식사목표'는 마크로비오틱의 영향을 받았다. 이 시절 1980년대 보스턴에는 세계 각지에서 마크로비오틱에 흥미를 가진 사람들이 모여들면서 자연식품점이나 자연식 레스토랑이 연이어 생겨났다.

어머니는 쿠시 인스티튜트(1978년 창립된 쿠시 마크로비오틱 교육·보급 기관)를 중심으로 요리를 배우셨고, 나도 고등학교를 다니면서 자연식품점에서 아르바이트를 했다.

고등학교를 졸업할 무렵 대학에 진학하느냐, 마크로비오틱을 배우느냐라는 두 가지 선택에 대해 생각해보았다. 나는 고등학교 시절의 친구들이 몸 상태가 안 좋을 때마다 약을 먹거나 병원에 다니는 것을 보면서 나의 건강함에 대하여 생각해보게 되었다.

마크로비오틱의 대단한 부분을 다시 인정하게 되니 쿠시 미치오(Kushi Michio) 선생님의 '원 피스풀 월드(One Peaceful World)'라는 이야기에도 깊이 공감이 되었다. '원 피스풀 월드'의 의미는 사람은 태어난 집, 유전, 땅, 환경에 큰 영향을 받는 존재이지만 스스로 선택한 음식

24세 무렵, 포르투갈. 강사를 위한 세미나에서 요리를 담당.

여러 레스토랑과 호텔에서 셰프들에게 요리를 지도.

25살 무렵, 싱가포르에서의 요리 강의.

에 의해 인간성을 발전시킬 수 있다는 내용이다. 식생활과 라이프스타일의 선택으로 세계 평화를 만들 수 있다는 마크로비오틱의 꿈이다. 우리 모두와 나누고 싶은 꿈이다.

마크로비오틱을 통해 전 세계에 공헌하고 싶다고 생각한 나는 마크로비오틱의 길을 걸어가기로 결심했다.

그 후에는 보스턴 교외에 있는 베케트로 자리를 옮긴 쿠시 인스티튜트에서 공부를 하면서 된장과 두부 만들기도 경험했다. 1년에 2~3번은 미국의 다른 지역이나 해외를 여행하면서 키친 셰프와 프라이빗 셰프의 경험도 쌓았다. 그렇게 경험을 쌓는 동안 가장 가고 싶었던 곳은 현대 마크로비오틱 운동이 시작된 나라, 바로 일본이었다.

때때로 쿠시 선생님으로부터 일본 전통음식의 좋은 점, 일본 문화의 훌륭한 점을 배웠다. 1994년 어머니와 함께 세 달간 일본 여행을 하게 되었고, 이즈모나 이즈 등을 돌아다니면서 일본의 식생활도 안 좋게 바뀌었다는 것을 알게 되었다.

일본과 아시아에서 마크로비오틱을 전하고 싶다. 나의 꿈이 명확해졌다.

27살 무렵, 쿠시 선생님과 세 번째 일본 여행.

74페이지에서 계속

Chapter 3
Japanese Sweets

따뜻해지는 일본식 스위츠

화과자는 여전히 서양인들에게는 신기한 존재입니다. 저는 화과자의 아름다움과 섬세함에 항상 끌리고 있었는데 최근에 화과자를 계속 만들 기회가 생겨서 그 식감과 풍미에 점점 매료되는 중입니다. 이번에 소개할 요리는 옛날부터 전해진 소박한 일본 과자에 서양의 재료와 아이디어를 조합한 것입니다. 자연스러운 식재료를 사용하여 만든 건강한 일본식 스위츠는 무한한 가능성이 있는 것 같습니다.

01
Amasake Jelly with Cherry Blossom Sauce
벚꽃 소스 감주 젤리

01
Amasake Jelly with Cherry Blossom Sauce
벚꽃 소스 감주 젤리

감주와 두유로 만든 젤리입니다.
벚꽃으로 봄의 들뜬 기분을 나타내었습니다.
레몬의 산미로 맛이 한층 좋아집니다.

파트리시오의 메모
벚꽃 절임의 소금기를 조금 남겨 놓아야 맛에 악센트가 생깁니다.

이런 식재료?
• **벚꽃 절임** 벚꽃을 깨끗이 씻어 살짝 말려 소금에 절인 것입니다. 온라인 상에서 일본 제품을 쉽게 구할 수 있습니다.

재료 5인분 — 1인분 55kcal

감주 젤리
현미감주 1컵, 두유 2큰술, 레몬즙 1작은술
Ⓐ 물 2컵, 한천 플레이크 2½작은술, 레몬 껍질(노란 부분 간 것) 1작은술

벚꽃 소스
벚꽃(소금 절임)• 10개, 칡가루 1½작은술, 물 ⅓컵, 쌀엿 1큰술

밑준비 벚꽃 절임을 가볍게 헹궈 물에 담가 소금기를 뺀 다음 물기를 뺀다.

1. 젤리를 만든다. 냄비에 Ⓐ를 넣고 중불에서 가끔씩 저어가며 가열한다. 끓어오르면 약한 불로 줄인 다음 한천이 녹을 때까지 10분 정도 끓인다.
2. ①에 감주를 섞으며 5분 동안 끓이고 두유를 섞은 다음 불에서 내린다. 레몬즙을 섞고 잔 5개에 나누어 붓고 식힌다.
3. 소스를 만든다. 분량 외의 물 1큰술로 칡가루를 녹여 둔다. 작은 냄비에 물 ⅓컵, 쌀엿, 물에 녹인 칡가루를 넣어 뭉치지 않도록 잘 섞어가며 가열한다. 끓어오르면 약한 불로 줄여서 2~3분 동안 끓인다.
4. ②가 굳으면 벚꽃으로 장식하고, ③을 조심스럽게 부어 식힌다. 냉장실에서 식혀도 좋다.

재료 4개 분량 — 1개 분량 64kcal

완두콩 혹은 에다마메(삶아서 깍지를 벗긴 것) 알맹이 100g, 비정제 첨채당 1½큰술, 소금 한 자밤

젤리 14×11cm 틀 1개 분량
배(혹은 사과) 20g, 칡가루 2작은술, 물 ¼컵, 메이플시럽(혹은 쌀엿) 2작은술,
한천가루 ⅓작은술, 소금 한 자밤

1. 젤리를 만든다. 배는 껍질을 벗긴 다음 작고 네모나게 자르고, 칡가루는 분량 외의 물 1큰술로 녹여 놓는다. 작은 냄비에 물 ¼컵과 모든 재료를 넣고 섞으면서 가열한다. 투명해지고 진득해지면 불에서 내린다. **point a** 물에 적신 틀에 붓고 **point b** 식혀서 굳힌다.
2. 콩을 장식용으로 4알을 남겨 놓고 절구나 푸드프로세서를 사용해 매끄럽게 간다. 첨채당과 소금을 섞어서 4등분 하여 손으로 굴려서 원통형으로 만든다.
3. ①을 틀에서 떼어내 7×4cm 정도의 크기로 자른다. 사진처럼 ②에 덮고 장식용 콩을 올린다.

Point
a

젤리 재료를 합치고 가열하면서 색이 투명해질 때까지 젓는다.

Point
b

틀에서 잘 떨어지도록 물을 적셔 놓은 틀에 붓는 것이 비결.

02

Peas Summer Blanket Manju

여름 옷을 입은 완두콩

제가 생각하는 화과자의 커다란 매력은 계절마다 얼굴이 바뀌는 것입니다. 이번 요리는 여름 느낌의 화과자입니다. 완두콩으로 속을 만들고 한천을 이용해 산뜻한 느낌의 젤리 껍질을 만들었습니다. 한천 안에 들어있는 과일은 여름 하늘의 별을 떠오르게 합니다.

03
Black Sesame Pudding
검은깨 푸딩

두유, 한천, 칡을 사용하여 산뜻하고
맛있는 푸딩을 만들었습니다.
검은 깨 대신에 참깨로 만들어도 되는데,
참깨는 지방을 많이 포함하고 있기 때문에
훨씬 크리미한 느낌을 낼 수 있습니다.

재료 5인분 1인분 196kcal

푸딩
칡가루 2작은술, 물 1½큰술, 검은깨 페이스트 2큰술
Ⓐ 두유 3컵, 쌀엿 ¼컵, 메이플시럽 ¼컵, 한천가루 ¾작은술, 소금 한 자밤
토핑
메이플시럽 2큰술, 물 1큰술, 볶은 참깨 소량

1. 푸딩을 만든다. 냄비에 Ⓐ를 넣은 다음 가끔씩 저어가면서 중불로 가열한다. 끓어오르면 불에서 내리고 물 1½큰술에 녹여 놓은 칡가루를 조금씩 넣으면서 거품기로 섞는다.
2. 작은 그릇에 깨 페이스트를 넣고 여기에 ①을 소량 덜어 섞은 다음 모두 냄비에 붓고 거품기로 저어가며 가열한다. 끓어오르면 약한 불로 줄이고 섞어가면서 2~3분 끓인 다음 컵 5개에 붓고 식힌다. 냉장실에 넣어 식혀도 좋다.
3. 토핑용 메이플시럽을 분량의 물로 희석하고 ②에 부은 다음 깨로 장식한다.

재료 4인분 1인분 169kcal 

장식용 블루베리 소량
땅콩 두부
칡가루 35g, 물 2컵, 비정제 첨채당 30g, 무가당 피넛버터 ¼컵, 한천가루 ¼작은술, 소금 한 자밤
블루베리 소스
블루베리 60g, 칡가루 ¼작은술, 물 2작은술
Ⓐ 메이플시럽(혹은 쌀엿) 1½큰술, 귤즙(혹은 오렌지 주스) 1큰술, 소금 한 자밤

1. 땅콩 두부를 만든다. 냄비에 칡가루를 넣고 분량의 물을 조금씩 부어가며 녹인 다음 다른 재료를 넣는다. 섞어가며 중불로 가열하고 되기가 생기면 불에서 내려서 잘 젓는다. 다시 약한 불로 가열하면서 매끄럽게 될 때까지 5~10분 동안 계속 젓는다.
2. 물을 적신 틀에 ①을 붓고 젖은 행주를 덮은 다음 찬물을 담아놓은 쟁반에 올려 식힌다.
3. 소스를 만든다. 블루베리를 간다. 칡가루를 분량의 물에 녹이고 Ⓐ와 함께 작은 냄비에 넣어 열을 가한다. 끓어오르면 불에서 내리고 블루베리를 섞은 다음 그릇에 옮겨 찬물에 대고 식힌다.
4. 그릇에 소스를 담고, ②와 장식용 블루베리를 곁들인다.

04

Peanut Tofu with Blueberry Sauce

땅콩 두부와 블루베리 소스

깨 두부의 깨 대신에 땅콩 두부를 만들어
블루베리 소스를 곁들였습니다. 미국 아이들이 피넛버터와
블루베리 잼 샌드위치를 참 좋아하는 것에서 힌트를 얻었습니다.

05

Red Lentil Soup with Brown Sticky Rice Cake

붉은 렌틸콩 수프와 현미 찰떡

요리에서 중요한 것은 창의성입니다.
새로운 식재료와 만났을 때 끝없이 아이디어가 생겨납니다. 이 요리법도 그중 한 가지입니다.
렌틸콩은 빨리 익고 단맛과 어울리기 때문에
일본 전통 '젠자이'• 요리에 잘 어울립니다.

재료 4인분 　　　　1인분 286kcal

붉은 렌틸콩•• 120g, 다시마(우표 크기) 1장,
비정제 첨채당(혹은 쌀엿, 메이플시럽) 60g, 소금 한 자밤,
찹쌀 현미 떡 4개

1. 냄비에 렌틸콩과 물 2컵을 넣고 끓인 다음 거품을 제거한 뒤 물 ½컵을 추가로 넣고 다시마를 넣는다. 다시 끓어오르면 뚜껑을 덮어 약한 불에서 20분 동안 끓인다.
2. 다시마를 꺼내고 첨채당과 소금을 넣은 다음 다시 10분 동안 끓인다. 수분과 감미료의 양은 취향에 맞게 조절해도 좋다.
3. 찹쌀 현미 떡을 먹기 좋은 크기로 잘라 구운 다음 ②에 넣는다.

이런 식재료?

• **젠자이(ぜんざい)** 콩이나 팥에 물과 감미료를 넣고 끓인 일본 음식.

•• **렌틸콩** 렌틸콩은 옛날부터 유럽 각국을 비롯해 이집트나 인도에서 즐겨 먹던 콩입니다. 콩의 색은 품종에 따라 오렌지, 옅은 갈색, 녹갈색 등이 있고 지방 성분이 적어서 팥 대신에 쓸 수 있습니다.

06

Green Peas Soup with Millet Mini Balls

찰수수 경단을 넣은 그린피스 시루코

봄과 여름에는 신선한 콩을 구할 수 있기에
차가운 '시루코'● 를 먹기 좋은 계절입니다.
꼭 이런 시루코를 만들어서 맛보세요.
차조기 씨 절임은 찰수수의 식감과 부드러운
단맛을 도드라지게 하는 중요한 역할을 합니다.

재료 4인분 1인분 150kcal

차조기 씨(소금 절임) 소량

시루코

그린피스 200g, 칡가루 1작은술, 물 1컵,
메이플시럽(혹은 비정제 첨채당, 쌀엿) 2½큰 술, 소금 한 자밤

찰수수 경단

찰수수 60g, 메이플시럽(혹은 비정제 첨채당, 쌀엿) 1큰술,
소금 한 자밤

1. 시루코를 만든다. 그린피스는 10분 정도 끓는 물에 삶아서 얼음물에 담갔다가 물기를 빼고 갈아 놓는다.
2. 냄비에 분량 외의 물 1큰술로 녹인 칡가루와 물 1컵, 메이플시럽, 소금을 넣고 저어가며 끓인다. ①을 넣고 약한 불로 줄인 후 거품기로 저은 다음 볼에 옮기고 얼음물에 얹어 식힌다.
3. 경단을 만든다. 냄비에 재료와 물 1컵을 넣고 뚜껑을 덮은 뒤 끓인다. 끓어오르면 아주 약한 불에서 15분 동안 익히고 2분간 뜸을 들인다. 절구로 찧은 다음 젖은 쟁반으로 옮기고 젖은 행주를 덮어 식힌다. 손에 물기를 묻히고 동그랗게 경단 모양을 만든다.
4. 그릇에 ②를 담고 ③을 넣은 다음 차조기 씨로 장식한다.

파트리시오의 메모

소라마메(누에콩)나 에다마메를 사용해도 색다르게 맛있습니다.

이런 식재료?

●**시루코(しるこ)** 삶은 팥 국물에 떡이나 경단, 밤 조림 등을 넣은 일본 음식.

07

Grain Coffee Bracken Rice Cake with Soy Cappuccino

두유 카푸치노와 곡물 커피 고사리 떡

많은 사람들이 좋아하는 고사리 떡과
곡물 커피의 조합으로 국적을 알 수 없는
스위츠가 만들어졌습니다.
두유 카푸치노는 거품기로 열심히 저어서
거품이 풍성하도록 만들어주세요.

재료 4인분 1인분 83kcal

고사리 떡
고사리 전분•(혹은 고사리 떡가루) 50g, 물 1컵,
비정제 첨채당 30g, 곡물 커피 2큰술, 소금 한 자밤

두유 카푸치노
두유 ¾컵, 메이플시럽 1큰술, 한천 가루 ⅛작은술,
소금 한 자밤

1 두유 카푸치노를 만든다. 작은 냄비에 모든 재료를 넣고 중불로 가열하고 거품기로 저으면서 끓인 다음 식힌다.
2 고사리 떡을 만든다. 작은 냄비에 고사리 전분과 물을 넣어 녹이고 남은 재료를 넣는다. 불에 올린 후 끊임없이 젓고 끈기가 생기면 약한 불로 줄여 투명해질 때까지 5분 정도 저어가며 끓인다.
3 ②를 숟가락으로 한입 크기씩 떠서 얼음물에 넣어 굳힌 다음 건져서 물기를 뺀다.
4 그릇에 ①을 붓고 ③을 넣는다.

이런 식재료?
• **고사리 전분** 고사리의 뿌리로 만든 전분으로 탄력이 좋습니다. 일본에서는 와라비꼬(わらびこ)라고 합니다. 한국에서 쉽게 구할 수 없다면 고사리 떡을 구입하여 이 요리를 만들 수 있습니다.

08

Umeboshi Flavored Jelly with Sweet Red Bean Paste

우메보시 팥 젤리

투명한 칡가루 젤리에 우메보시와 팥을 넣어 화과자를 만들었습니다. 우메보시는 미네랄이 풍부하기 때문에 혈액을 깨끗하게 만듭니다. 이런 화과자는 맛있을 뿐만 아니라 몸을 건강하게 만듭니다.

재료 4인분 1인분 85kcal

우메보시• ¼~⅓개, 칡가루 1작은술, 물 1컵,
간 팥 소(92쪽) 60g
Ⓐ 한천가루 1작은술, 메이플시럽(혹은 비정제 첨채당) 1½큰 술, 쌀엿 1큰술

1. 우메보시를 작게 다진다.
2. 팥 소를 4등분으로 나눠 동그랗게 만든다.
3. 작은 냄비에 분량 외의 물 1큰술로 녹인 칡가루, 물 1컵, Ⓐ를 넣고 섞으면서 가열한다. 끓어오르면 약한 불로 줄인 후 가끔씩 저어가며 2~3분 동안 끓인 다음 불에서 내리고 ①을 넣어 섞는다.
4. 물을 적신 틀 4개에 ③을 조금씩 흘려 넣고 조금 굳으면 ②를 놓는다. 그 위에 남은 ③을 부어 완전하게 식혀 굳힌다. 틀에서 떼어내어 접시에 담는다.

파트리시오의 메모
누에콩(소라마메), 완두콩, 에다마메 등을 사용해도 색다르게 맛있습니다.

이런 식재료?
• **우메보시** 일본식 매실 장아찌.

09

Kudzu Noodles with Maple Balsamic Syrup

칡국수와 메이플 발사믹 시럽

드레싱을 만들 때 주로 사용하는 발사믹 식초는 졸이면 단맛이 나기 때문에 스위츠에 잘 어울립니다. 여기에 메이플시럽을 넣어 산뜻하면서 달콤한 맛을 완성하였습니다. 토핑은 제철 과일을 사용해주세요.

재료 4인분 1인분 150kcal

칡국수• 1팩, 포도 8알

메이플 발사믹 시럽

발사믹 식초 ¼컵, 소금 한 자밤, 메이플시럽 ¼컵

1. 시럽을 만든다. 작은 냄비에 발사믹 식초와 소금을 넣고 끓인 다음 약한 불로 줄여 양이 절반으로 줄 때까지 졸인다. 메이플시럽을 넣고 아주 약한 불로 줄여 한소끔 끓인 후 식힌다.
2. 칡국수는 봉지에 적혀 있는 내용에 따라 삶아 찬물로 헹군 다음 물기를 뺀다.
3. 포도의 껍질과 씨를 제거하여 작은 사각형으로 자른다.
4. 그릇에 ②를 넣고 시럽을 부은 다음 포도로 장식한다.

이런 식재료?

- **칡국수** 칡가루로 만든 국수 형태의 음식으로 일본의 '쿠즈키리(葛きり)'를 말합니다. 우리나라의 칡국수는 칡가루와 녹두가루가 섞여 있어 일본의 칡국수와 다릅니다. 이 요리에서 사용한 칡국수와 가장 비슷한 식감으로는 우뭇가사리가 있습니다.

10

Japanese Style Apricot Seed Tofu with Pomegranate Sauce

일본식 안닌두부와 석류 소스

중국식 안닌두부에 찹쌀가루, 칡가루, 한천을 섞어서
매끄럽고 쫀득한 식감을 만들었습니다.
살구 씨 가루에서 나는 쌉싸래한 맛과 석류 소스의
산뜻함이 잘 어울립니다.

재료 14x11cm틀 1개 분량 ⅙개 분량 116kcal

Ⓐ 찹쌀가루 12g, 칡가루 1큰 술(10g), 무가당 살구 씨 가루 1큰술(8g), 물 ½컵

Ⓑ 두유 1컵, 한천가루 1작은술, 메이플시럽 2큰술, 쌀엿 1큰술, 소금 한 자밤

석류 소스

석류 주스 ½컵, 메이플시럽(혹은 쌀엿) 2작은술, 칡가루 ½작은술, 소금 한 자밤

1. 안닌두부•를 만든다. 그릇에 물을 제외한 Ⓐ를 모두 넣고 물을 조금씩 부어가며 뭉치지 않을 때까지 섞는다.
2. 작은 냄비에 Ⓑ를 넣고 중불에서 섞어가며 끓인다. 끓어오르면 약한 불로 줄인 다음 ①을 조금씩 넣고 섞으면서 5분 정도 끓인다. 물에 적신 틀에 붓고 열기를 식힌 다음 냉장실에 넣어 차게 둔다.
3. 석류 소스를 만든다. 칡가루를 소량의 물에 녹인 다음 나머지 재료와 함께 작은 냄비에 넣어 열을 가한다. 색이 변하고 되기가 생기면 불에서 내리고 식힌다.
4. ②를 틀에서 꺼내 자른 다음 그릇에 담고 ③의 소스를 곁들인다.

이런 식재료?

• **안닌두부(杏仁豆腐)** 살구 씨 가루와 한천 등으로 만든 중국식 젤리입니다.

11

Layered Black Rice Ohagi

검은쌀 편떡

검은쌀은 일본을 비롯한 여러 아시아 지역에서
디저트 재료로 많이 사용되고 있습니다.
쫀득쫀득하고 달콤한 맛이 나며 익으면 색이
선명해지므로 흰 콩 소와 아주 잘 어울립니다.

재료 14x11cm틀 1개 분량 ⅙개 분량 194kcal

검은쌀• 1컵(160g), 소금 한 자밤, 비정제 첨채당 30g,
무가당 라즈베리 잼(혹은 딸기 잼) 소량,
흰 콩 소(93쪽) 120g, 완두콩가루 소량

1 압력솥에 검은쌀을 넣고 물 1과 ½컵, 소금을 넣은 다음 뚜껑을 덮어 열을 가한다. 압력이 차면 아주 약한 불로 줄여 20분 동안 익히고 불에서 내려 10분간 뜸 들인다. 압력을 뺀 다음 첨채당을 넣고 잘 섞는다. 압력솥이 없는 경우는 검은쌀에 물 2컵과 소금을 넣고 끓어오르면 뚜껑을 덮어 약한 불에서 45분 동안 익힌다.
2 물을 적신 틀에 ①의 절반 분량을 넣고 표면을 정리한 뒤 잼을 얇게 바른다. 그 위에 흰 콩 소를 올리고 남은 ①을 얹은 다음 표면을 정리한 뒤 젖은 행주를 덮어 식힌다.
3 콩가루를 뿌리고 틀에서 꺼내 자른다 .

이런 식재료?

• 검은쌀 검은쌀은 찹쌀의 한 종류로 다른 이름으로 자미(紫米)라고 불리며 일본에서는 죠몬시대(BC 13000~BC 300년)에 등장했다고 합니다. 쌀알 길이에 따라 장립종과 단립종이 있으며 비타민,미네랄, 식물 섬유가 풍부합니다.

12

Buckwheat and Chestnut Cream in Bamboo Leaf Wrap

대나무 말이 메밀가루 밤 페이스트

메밀가루로 만든 크레이프가 있는 것처럼,
유럽에서는 메밀을 간식 재료로 많이 사용합니다.
익숙한 밤이나 헤이즐넛, 오렌지를 넣고 만든 다음
동양적인 느낌이 나도록 나무 껍질로 말았습니다.

재료 대나무 껍질 1장(21x5cm) 분량　1/10분량 81kcal

단밤 60g, 메밀가루 50g, 구운 헤이즐넛 부순 것 1/4컵(30g),
무가당 오렌지 마멀레이드 1큰술, 대나무 껍질 1장
Ⓐ 두유(혹은 물) 1 1/4컵, 비정제 첨채당 30g, 소금 한 자밤

밑준비 대나무 껍질을 물에 담가 부드럽게 만든다.

1 단밤을 믹서로 갈거나 강판에 간다.
2 작은 냄비에 ①과 Ⓐ를 넣고 섞어가며 중불로 가열한다. 끓어오르면 약한 불로 줄이고 저어가며 메밀가루를 조금씩 넣는다. 끈기가 생길 때까지 열심히 반죽한다. 불에서 내리고 헤이즐넛과 마멀레이드를 섞는다.
3 ②가 뜨거울 때 물기를 닦은 대나무 껍질에 올린 다음 형태를 잡아가며 돌돌 만다. 식으면 자른다.

13
Mugwort Flavored Daifuku Strawberry Daifuku
쑥 다이후쿠, 딸기 다이후쿠

쑥 다이후쿠(사진 오른쪽)

재료 6개 분량 1개 분량 188kcal

녹말가루 적량
검은깨 속
볶은 검은깨 30g, 갈지 않은 팥 소(92쪽) 240g
다이후쿠• 반죽
찹쌀가루 80g, 소금 한 자밤, 물 ¼컵, 사과 주스 ¼컵, 쑥가루•• 1작은술

1. 검은깨 속을 만든다. 깨를 절구로 갈아 팥소와 섞은 다음 6등분 하여 동그랗게 만든다.
2. 반죽을 만든다. 그릇에 찹쌀가루, 소금, 물을 넣어 손으로 섞어가며 잘 녹인다. 주스를 조금씩 넣어 섞은 다음 냄비에 옮겨 중불로 가열한다. 나무 주걱으로 섞으면서 끈기가 생기면 약한 불로 줄여 5분 정도 힘차게 반죽한다. 반죽이 매끄럽게 되면 불에서 내린다. 쑥가루를 넣고 다시 반죽한다.
3. 녹말가루를 깔아놓은 큰 쟁반에 ②를 옮겨서 평평하게 만들어 식힌 다음 위에 녹말가루를 뿌린다.
4. ③을 6등분 하여 둥글게 눌러 핀 다음 ①을 안에 넣고 감싼다. 마지막에 손가락 끝으로 반죽을 잘 붙인 뒤 형태를 잡는다.

딸기 다이후쿠(사진 왼쪽)

다이후쿠 반죽은 같다. 간 팥 소(92쪽) 180g을 6등분으로 나누어 꼭지를 딴 딸기 6알을 각각 싼 다음, 다이후쿠 반죽으로 감싼다.

파트리시오의 메모
쑥은 봄에 싱싱한 것을 구할 수 있으면 향이 강하여 아주 좋습니다. 부드러운 잎을 데친 다음 아주 곱게 다져서 사용합니다.

여러 나라의 스위츠를 알고 있으며, 일본의 다양한 화과자를 접하게 되면서 간단하게 스위츠를 만들 수 있는 방법에 대하여 고민하였습니다. 다이후쿠 반죽도 찌는 방법보다 간단하게 가열하여 만들었습니다. 또한, 쑥의 맛을 부드럽게 하기 위해서 사과 주스로 단맛을 더했습니다.

이런 식재료?
• **다이후쿠(大福)** 팥소를 넣은 둥근 찹쌀떡을 말합니다.
•• **쑥가루** 쑥은 옛날부터 일본인이 즐겨 먹는 떡과 소바에 자주 사용되었습니다. 약초로도 사용하며 각종 미네랄과 비타민 등이 함유되어 있습니다. 쑥을 건조 분말로 만든 것은 쉽게 구할 수 있습니다.

14
Soybean Flour Cookies
콩가루 쿠키

콩가루를 사용하여 전통 쿠키를 만들었습니다. 바삭바삭한 식감을 내기 위해 박력분에 현미가루를 더했습니다. 칡은 달걀 대신에 반죽을 뭉치게 하는 역할을 합니다. 반죽이 너무 묽을 때는 가루를 더 넣고, 너무 단단할 때는 두유의 양을 늘리면 좋습니다.

재료 12개 분량 — 2개 분량 178kcal

양귀비 씨 적당량

Ⓐ 현미가루 60g, 비정제 첨채당 45g, 전립 박력분 40g, 칡가루(혹은 녹말가루) 25g, 콩가루 20g

Ⓑ 두유 5큰술, 생 참기름 3큰술, 소금 한 자밤

밑준비 철판에 오븐 시트를 깔고, 오븐은 170℃로 예열한다.

1. 두 개의 그릇을 준비해 Ⓐ와 Ⓑ를 각각 넣고 거품기로 잘 섞은 다음 Ⓐ에 Ⓑ를 넣고 섞어서 반죽을 만든다. 이것을 12등분 하여 손으로 둥근 쿠키 형태를 만든다.
2. 양귀비 씨를 쟁반처럼 널찍한 곳에 붓고 쿠키의 표면을 눌러서 씨를 붙여 철판에 올린다.
3. 오븐에 넣고 쿠키 바닥에 가볍게 구운 색이 날 때까지 14~15분 정도 구운 다음 꺼내서 식힌다.

재료 4인분 — 1인분 200kcal

생 유바•(약 15×60cm) 2장, 메이플시럽 적당량, 딸기 12개

크림

흰 콩 소(93쪽) 120g, 두유 ⅓컵

밑준비 철판에 오븐 시트를 깔고 오븐은 170℃로 예열한다.

1. 유바 한 장을 길이로 반 접어서 두 장으로 겹친 다음 가로로 6등분 한다. 다른 한 장도 마찬가지로 자른다. 한 면에 붓으로 메이플시럽을 발라 철판에 올리고, 오븐이나 오븐 토스터로 바삭하게 될 때까지 5~6분 동안 굽는다.
2. 작은 냄비에 크림 재료를 넣고 거품기로 저어가며 부드럽게 될 때까지 열을 가하고 식힌다. 딸기는 꼭지를 따고 세로로 자른다.
3. 유바 한 장 위에 크림을 약간 바르고 딸기를 3개씩 올린 후 다시 크림을 바른다. 두 장 째 유바를 올리고 처음과 마찬가지로 크림과 딸기를 올린다. 세 장 째 유바는 시럽을 바른 면이 위로 가도록 올린다. 남은 것들도 같은 방법으로 만든다.

이런 식재료?

• **유바** 생(生) 유바는 단백질이 풍부하고 자연스러운 단맛이 나고 매끄럽기 때문에 스위츠에 적격입니다. 오븐에서 구우면 바삭바삭해져 쿠키나 전병처럼 먹을 수 있습니다.

15
Yuba Mille-feuille
유바 밀푀유

생 유바를 바삭바삭하게 구워 부드러운 크림을 곁들였습니다.
건강한 밀푀유를 즐기기 위해 만들었습니다.

16
Walnut Miso Steamed Bread
호두 된장 찐빵

재료 14×11cm의 틀 1개 분량 ⅒개 분량 95kcal

귤(혹은 오렌지) 껍질(노란 부분 다진 것) 1작은술

반죽

참마 100g, 물 ¼컵, 비정제 첨채당 40g, 보리된장 1큰술, 현미가루 60g, 강력분 20g, 다진 호두 ¾컵(60g)

밑준비 틀 안쪽에 식물성 기름(분량 외)을 바르고, 찜기 뚜껑은 행주로 감싼다.

1. 참마의 껍질을 벗겨서 간다.
2. 그릇에 ①, 물, 첨채당, 보리된장을 넣고 거품기로 잘 섞는다. 가루 재료를 넣고 고무주걱으로 잘 섞은 다음 호두를 넣고 섞는다.
3. 틀에 ②를 넣고 표면을 정리한 다음 귤 껍질을 뿌린다.
4. 증기가 올라온 찜기에 ③을 넣고 센 불에서 20분 동안 찐다. 꼬챙이로 찔러봐서 아무것도 묻어나오지 않으면 완성이다.

참마 간 것과 곡물가루를 섞어서 전통적인 방법으로 만든 폭신폭신한 찐빵입니다. 된장의 향과 호두의 고소한 식감이 아주 맛있으며 산뜻한 귤 껍질이 향을 한껏 살려줍니다.

파트리시오의 '나의 마크로비오틱 라이프' 3

일본 여성과의 결혼,
아빠가 되어 아이들을 키우다 보니
식생활이 심신에 미치는 영향을 더욱 확신

저는 소중한 아이들을 키우고 있는 아빠입니다. 저와 마찬가지로 일본인 아내도 마크로비오틱 실천가입니다. 당연히 마크로비오틱 방식으로 사는 것이 우리 가족의 라이프스타일 입니다. 우리 집 아이들은 아내의 뱃속에 있을 때부터 마크로비오틱 방식으로 자라왔기에 너무나 자연스럽게 현미와 채소를 좋아합니다. 게다가 늘 요리하는 부모와 살다보니 당연히 먹는 것도, 요리를 돕는 것도 좋아하는 아이들로 자랐습니다.

최근 일본에는 채소를 싫어하거나, 알레르기 체질이거나, 아토피 질환을 가진 아이들이 많아지고 있습니다. 30~40년 사이에 이런 아이들이 빠르게 늘어났는데 이는 일본뿐 아니라 전 세계적인 경향입니다. 과연 옛날과 무엇이 달라진 것일까요? 가만히 생각해보면 식사의 질과 삶의 방식이 옛날과 크게 달라졌다는 생각이 듭니다.

일본에서는 제2차 세계대전이 벌어지기 전까지는 곡물과 식물성 식품이 많이 포함된 전통적인 식사를 해왔습니다. 동물성 식품도 먹었지만 그 양이 적었습니다. 반면 현대에는 완전히 뒤바뀌어 고기와 달걀, 유제품 등의 동물성 식품은 물론이며 버터나 크림이 잔뜩 들어 있는 과자가 넘쳐납니다. 음식의 질도 급변했습니다. 이전에는 살고 있는 지역에서 생산되는 채소와 생선을 먹었고, 가공품이라고 하면 식재료를 보존하기 위해 집에서 만드는 간단한 것들 위주였습니다. 옛날 사람들의 지혜는 대단하기에 정말 건강하고 환경을 해치지 않는 훌륭한 식문화를 가지고 있었습니다. 그렇기에 우리는 예전처럼 자연에 가까운 음식, 정제되어 있지 않은 곡물 등의 섭취를 다시 예전처럼, 조금씩 늘려야 한다고 생각합니다.

아이들을 보면서도 드는 생각이지만 음식 특히, 스위츠는 인생에 있어서 큰 즐거움입니다. 그렇기 때문에 다음 세대와 환경을 위해서 좋은 음식을 통해 삶과 건강의 균형을 되찾고 모두가 행복해졌으면 좋겠습니다.

저는 앞으로도 이러한 마음을 사람들에게 전하고 싶습니다.

즐거워지는 스페셜 스위츠

생일이나 기념일 같은 날에는 특별한 스위츠를 만들어야겠지요. 이번 챕터에서는 우리가 이미 잘 알고 있는 케이크나 타르트 같은 화려한 스위츠를 건강하게 만드는 방법을 소개합니다. 유제품과 달걀 대신에 두유, 두부, 칡가루, 한천 등의 식재료를 사용하여 멋있고 매력적인 스위츠를 만들었습니다. 스위츠를 먹는 즐거움뿐 아니라 만드는 기쁨까지 만끽하여 주세요.

Chapter 4
Special Sweets

01
Strawberry Shortcake
딸기 쇼트케이크

01

Strawberry Shortcake
딸기 쇼트케이크

딸기 쇼트케이크는 누구나 좋아하는 스위츠입니다. 스펀지케이크를 얇게 구워 틀로 찍어 시트를 만들고 딸기는 아메리칸 스타일처럼 소스로 만들었습니다.

재료 6인분 | 1인분 259kcal

스펀지케이크 철판 1장 분량(88쪽),
두유 휘핑크림 1컵(90쪽), 딸기(세로로 반 자른 것) 15개
딸기 소스
딸기(세로로 반 자른 것) 10개, 쌀엿(혹은 메이플시럽) 2큰술, 한천가루 ⅛작은술, 소금 한 자밤

1 딸기는 케이크 위에 장식할 용으로 3개(6조각)를 남겨 놓는다.
2 딸기 소스를 만든다. 냄비에 재료를 모두 넣고 열을 가하여 끓어오르면 뚜껑을 덮어 약한 불에서 2분 동안 끓인 다음 체로 거른다.
3 직경 6cm의 쿠키 틀(혹은 원형 틀)로 스펀지케이크를 찍어 시트를 12장 만든다.
4 틀로 잘라 놓은 스펀지케이크 시트 6장 위에 딸기를 올리고 가운데에 두유 휘핑크림을 넣는다. 그 위에 스펀지케이크 시트를 올리고 위에 딸기 소스를 얇게 바른다.
5 딸기 소스를 그릇에 담고 ④를 올린 다음 남겨 둔 딸기로 장식한다.

02

Pistachio Crème Brûlée

피스타치오 크렘 브륄레

프랑스의 단골 디저트인 '크렘 브륄레'를 만들어 보았습니다. 피스타치오를 분말로 만들면 한결 고급스러운 맛이 납니다. 여기에 두부를 넣어 부드러운 질감을 완성하였습니다.

재료 6인분 1인분 133kcal

피스타치오(껍질 깐 것) 50g, 칡가루 2큰술,
모두부 100g, 비정제 첨채당 적당량
Ⓐ 두유 1⅓컵, 쌀엿 1큰술, 메이플시럽 3큰술,
한천가루 ½작은술, 소금 한 자밤

1 피스타치오를 푸드프로세서나 믹서기에 넣고 분말 형태로 만든 다음 뜨거운 물 ½컵을 붓고 더 돌린다. 소량의 물로 녹인 칡가루와 두부를 함께 넣어 간 후 고운 체에 거른다.
2 냄비에 Ⓐ를 넣어 섞어가며 끓인다. 끓어오르면 약한 불로 줄여 ①을 넣고 끓지 않도록 주의하며 섞어가며 5분 동안 끓인다. 틀에 붓고 식힌다.
3 ②의 표면에 첨채당을 얇게 뿌리고 토치 등으로 캐러멜 상태가 될 때까지 굽는다.

03
Black Tea Lemon Madeleine
레몬 홍차 마들렌

반죽에 홍차 잎을 그대로 넣어서 풍미와 모양에 변화를 주었습니다. 달걀 대신 마를 넣어서 폭신한 느낌도 더 좋아졌습니다.

재료 6개 분량 1개 분량 96kcal

Ⓐ 전립 박력분 25g, 강력분 30g, 베이킹파우더 1작은술, 소금 1/8작은술, 홍차 티백 잎 3/4작은술

Ⓑ 카놀라유(혹은 생 참기름) 1½큰술, 메이플시럽(혹은 쌀엿) 3큰술, 두유 1/4컵, 레몬즙 ½ 큰술, 레몬 껍질(노란 부분 다지거나 간 것) ½작은술, 장마(간 것) 1큰술

밑준비 • 마들렌 틀에 기름(분량 외)을 바른다.
• 오븐을 160℃로 예열한다.

1 그릇에 홍차 잎을 제외한 Ⓐ의 재료를 체에 내려 넣고 홍차 잎을 넣어 거품기로 잘 섞는다. 다른 그릇에 Ⓑ를 넣고 거품기로 잘 섞은 다음 Ⓐ의 그릇에 Ⓑ를 넣어 섞는다.
2 기름을 발라 둔 마들렌 틀에 ①을 붓고 오븐에서 15분 정도 굽는다. 꼬챙이로 찔렀을 때 아무것도 묻어나지 않으면 완성이다. 열기를 식힌 후 틀에서 꺼내 식힘망에 올려 완전히 식힌다.

파트리시오의 메모
홍차 티백은 유기농 제품을 사용해주세요. 홍차 잎을 쓰려면 곱게 으깨서 사용할 수도 있습니다.

재료 1개 분량 1/8개 분량 178kcal

스펀지케이크 철판 1장 분량(88쪽), 두유 휘핑크림 1컵(90쪽), 흰 콩 소(93쪽) 60g, 라즈베리(혹은 다른 제철 과일) 적당량

1 그릇에 두유 휘핑크림과 흰 콩 소를 넣고 거품기로 섞는다.
2 스펀지케이크를 굽는다. 스펀지케이크가 따뜻할 때 구운 색이 나있는 쪽을 안쪽으로 하여 몇 번 말아 나중에 말기 쉽게 만든 다음 Point a 완전히 식힌다. 앞쪽 1/3 부분에 말기 쉽도록 3줄 정도의 칼집을 낸다. Point b 끝부분은 비스듬하게 잘라 얇게 만든다. Point c
3 ②에 ①을 빈틈없이 바른다. 앞쪽에서 3cm 정도를 띄우고 라즈베리를 올린 다음 돌돌 만다. 다 말았으면 접합 부분을 아래로 놓는다. 먹기 좋은 크기로 자른다.

Roll Cake

롤 케이크

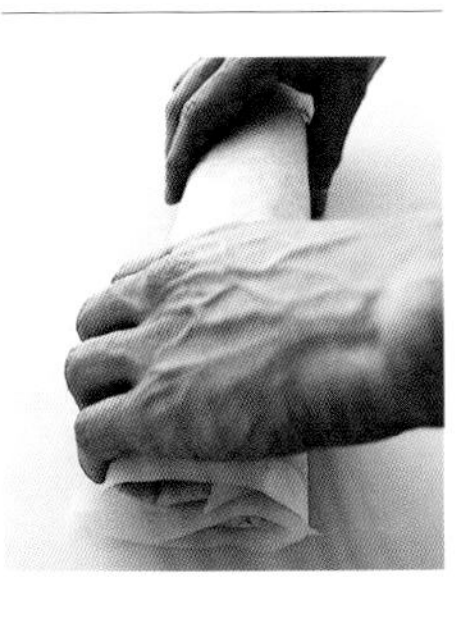

Point
a

따뜻할 때 오븐 시트 채로 한번 말아 놓으면 나중에 롤 케이크를 완성할 때 주름이 생기지 않는다.

Point
b

시트 앞쪽에 두께의 절반 정도로 3줄의 칼집을 내면 단단하게 말 수 있다.

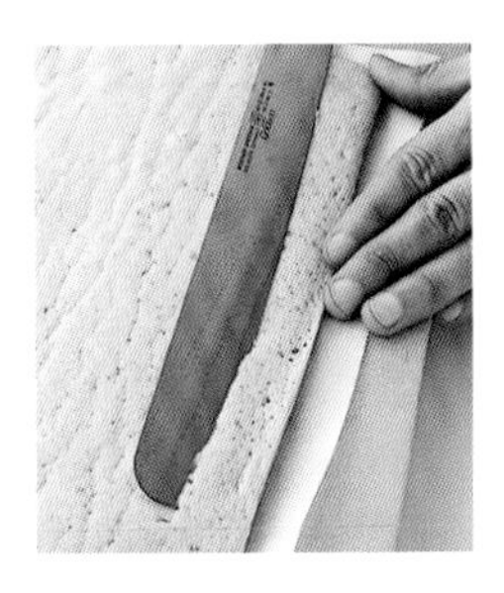

Point
c

끝부분을 비스듬하게 잘라 놓으면 더욱 깔끔하게 말 수 있다.

라즈베리를 넣고 돌돌 말아서 만든 롤 케이크입니다.
롤 케이크와 함께라면 티 타임이 더욱 즐거워지겠지요?
과일은 무엇이든 제철 과일을 사용해주세요.

05

Mont-blanc

몽블랑

익숙한 몽블랑을 살짝 바꿔 1년 내내 구할 수 있는 단밤으로 만들어보았습니다. 단밤 페이스트는 보통 밤으로 만드는 페이스트보다 색과 풍미가 진하여 깊은 맛이 납니다.

재료 12인분 1인분 176kcal

스펀지케이크 철판 1장 분량(88쪽), 두유 휘핑크림 1컵(90쪽), 장식용 단밤 12개

단밤 페이스트

단밤 300g, 메이플시럽(혹은 비정제 첨채당) ¼컵, 한천가루 ½작은술, 소금 한 자밤, 물 1¼컵, 두유 ½컵

1 단밤 페이스트를 만든다. 냄비에 두유 이외의 재료를 넣고 열을 가한다. 끓어오르면 뚜껑을 덮고 약한 불에서 30분 정도 익힌다. 푸드프로세서나 믹서에 넣어 갈고 두유를 넣어 더 돌린다. 너무 되직하면 두유를 약간 더 넣고 돌려 묽게 만든 다음 볼에 옮겨 식힌다.

2 직경 6cm의 쿠키 틀(혹은 원형 틀)로 스펀지케이크를 찍어 시트를 12장 만들고 가운데에 두유 휘핑크림을 올린다. 짤주머니에 ①을 담아 두유 휘핑크림 주변에 원을 그리듯이 짠다. 그 위에 단밤을 올려 장식한다.

06

Pumpkin Pecan Pie

단호박 피칸 파이

단호박의 껍질도 버리지 않고 모두 사용하기 때문에 영양이 꽉 차 있습니다. 피칸은 지방 성분이 많아 깊은 맛이 납니다. 또렷하고 상큼한 맛을 위해 오렌지 향을 더했습니다.

재료 지름 18cm의 타르트 틀 1개 분량

1/8개 분량 319kcal

타르트 1개 분량(89쪽), 단호박 300g, 소금 한 자밤, 피칸(혹은 호두) 100g

Ⓐ 쌀엿 3큰술, 두유 3큰술, 칡가루 2작은술, 한천가루 1/2작은술

글레이즈

무가당 오렌지 마멀레이드 3큰술, 사과 주스(혹은 백포도 주스) 소량

밑준비 오븐을 170℃로 예열한다.

1. 단호박은 한입 크기로 자른 다음 소금을 뿌린다. 증기가 올라온 찜기에 단호박을 넣어 부드럽게 될 때까지 15분 정도 찐다. 껍질은 벗겨 채 썰고 나머지는 으깬다.
2. 그릇에 ①의 으깬 것과 Ⓐ를 넣고 잘 섞는다.
3. 타르트 틀의 바닥에 단호박 껍질을 깔고 ②를 부어 표면을 정리한 다음 피칸을 올린다. 오븐에서 30분정도 굽고 꺼내서 열기를 식힌다.
4. 글레이즈를 만든다. 작은 냄비에 마멀레이드와 주스를 넣어 섞으면서 약한 불로 가열하고 솔을 이용해 파이에 바른 다음 식힌다.

07
Cherry Tart
체리 타르트

과일의 매력인 살아나는 타르트 두 가지를 소개합니다. 신선한 체리로 만든 타르트와 익힌 사과로 만든 타르트 두 가지를 소개합니다. 과일 위에 바르는 글레이즈는 과일의 색을 선명하게 하며 타르트 표면이 마르지 않게 해줍니다.

재료 지름 18cm의 타르트 틀 1개 분량
⅛개 분량 210kcal

타르트 1개 분량(89쪽), 무가당 살구 잼 1큰술, 두유 커스터드 크림 ½컵(91쪽), 체리(혹은 다른 제철 과일) 적량
글레이즈
무가당 살구 잼 2큰술, 사과 주스(혹은 백포도 주스) 소량

1 타르트 틀 안쪽에 잼을 바르고 두유 커스터드를 부어 표면을 정리한 다음 위에 체리를 올린다.
2 글레이즈를 만든다. 작은 냄비에 잼과 주스를 넣고 섞으며 약한 불로 가열해 걸쭉하게 졸인다. 솔을 이용하여 체리에 글레이즈를 바른다.

08
Apple Tart
사과 타르트

재료 지름 18cm의 타르트 틀 1개 분량
⅛개 분량 282kcal

타르트 1개 분량(89쪽), 무가당 살구 잼 1큰술, 두유 커스터드 크림 ½컵(91쪽)
사과 조림
사과 3개, 메이플시럽(혹은 쌀엿) ⅓컵, 레몬즙 1큰술, 소금 한 자밤, 시나몬 파우더 ⅛작은술
글레이즈
무가당 살구 잼 2큰술, 사과 주스(혹은 백포도 주스) 소량

1. 사과 조림을 만든다. 껍질에 왁스가 발린 사과라면 껍질을 벗기고, 4등분으로 잘라 심을 제거한다. 커다란 냄비에 사과를 제외한 나머지 재료를 넣고 약한 불로 가열한 다음 사과를 넣는다. 뚜껑을 덮고 가끔씩 위아래를 골고루 섞어가며 30분 동안 익힌다.
2. 다 익으면 사과 껍질이 냄비 바닥으로 가도록 놓고 뚜껑을 덮지 않은 채로 시럽이 캐러멜 상태가 될 때까지 약한 불에서 국물을 날린 다음 불에서 내려 식힌다.
3. 타르트 틀 안쪽에 잼을 바르고 두유 커스터드를 부어 표면을 정리한 다음 익힌 사과를 올린다.
4. 체리 타르트와 같은 방법으로 글레이즈를 만들어 사과에 골고루 바른다.

09
Green Tea Mousse Cake
말차 무스 케이크

손이 많이 가는 편이지만 말차를 좋아하는 사람들 입에 딱 맞는 케이크입니다.
케이크 바닥 부분의 팥은 살구로 단맛을 내었고 말차 무스에는 두부를 사용했습니다.
장식용 말차 글레이즈의 쌉싸래한 맛이 절묘한 하모니를 자아냅니다.

재료 지름 18cm의 케이크 틀 1개 분량 ⅛개 분량 148kcal

팥 베이스
팥 80g, 다시마(우표 크기) 1장, 메이플시럽(혹은 쌀엿) 3큰술, 마른 살구 3개,
전립 박력분 2큰술

말차 무스
모두부 400g, 칡가루 2큰술, 말차 2큰술, 두유 ½컵
Ⓐ메이플시럽 ¼컵, 쌀엿 ¼컵, 물 ¼컵, 한천가루 1작은술, 소금 한 자밤

글레이즈
칡가루 ½작은술, 물 ¼컵, 한천가루 ⅛작은술, 메이플시럽(혹은 쌀엿) ½큰술, 말차 ½작은술,
뜨거운 물 2작은술

밑준비 모두부의 물기를 짠다.

1 팥 베이스를 만든다. 냄비에 팥, 다시마, 물 1½컵을 넣어 끓인다. 물 ½컵을 추가로 넣은 다음 팥이 부드럽게 될 때까지 뚜껑을 덮어 50분 정도 익힌다. 다시마는 꺼내고 메이플시럽과 네모 모양으로 작게 자른 살구를 넣은 다음 저어가며 수분을 날린다. 박력분을 넣어 조금 되직해질 때까지 약한 불에서 반죽한다. 케이크 틀(가능하면 바닥을 분리할 수 있는 타입)에 넣고 표면을 정리하여 식힌다.
2 말차 무스를 만든다. 칡가루와 말차는 각각 두유 ¼컵으로 풀어 놓는다.
3 두부와 두유에 푼 칡가루를 푸드프로세서나 믹서에 넣고 매끄럽게 돌린다. Point a
4 냄비에 Ⓐ를 넣어 저어가며 끓이다가 약한 불로 줄여 ③을 넣고 끓지 않도록 하며 5분 동안 저어가며 익힌다. 불에서 내린 뒤 두유에 푼 말차를 섞고Point b ①의 위에 부어 굳을 때까지 놔둔다.
5 글레이즈를 만든다. 칡가루는 물에 녹이고, 말차는 뜨거운 물에 녹인다. 작은 냄비에 말차를 제외한 나머지 재료를 넣어 섞어가며 한소끔 끓여 불에서 내려 녹여둔 말차를 섞는다. 이것을 ④ 위에 부어 식힌다. 냉장실에서 하룻밤 놔두면 촉촉해진다.

Point a

두부는 두유에 푼 칡가루와 섞어 크림 상태가 되도록 갈면 케이크의 질감이 매끄러워진다.

Point b

가열하여 한천을 녹인 다음 풍미가 날아가지 않도록 불에서 내린 뒤 말차를 섞는다.

Basic Recipe

마크로비오틱 스위츠 기본 레시피

01

달걀을 사용하지 않는 스펀지케이크

달걀 대신 베이킹파우더의 힘을 빌려 부풀립니다. '섞은 다음 빠르게 굽는 것'이 스펀지케이크를 폭신폭신하게 만드는 포인트입니다.

재료 26×20cm의 철판 1장 분량

Ⓐ 전립 박력분 25g, 강력분 70g,
베이킹파우더 1½작은술, 소금 ⅛작은술

Ⓑ 생 참기름(혹은 카놀라유) 2½큰술,
메이플시럽 ¼컵, 두유 ¾컵,
레몬 껍질(다진 것 혹은 오렌지, 귤, 유자 껍질) 1작은술,
바닐라 에센스(취향에 따라) 1작은술

밑준비 오븐을 170℃로 예열한다.

← 재료

1

오븐 시트를 철판보다 조금 크게 잘라서 철판에 깐 다음 귀퉁이 부분을 잘라서 딱 맞게 깐다.

2

Ⓐ를 모두 섞어 체에 내려 그릇에 담는다.

3

②를 거품기로 섞는다. 가루 재료가 전체적으로 균일하게 될 때까지 섞는다.

4

다른 그릇에 Ⓑ를 넣고 거품기로 잘 섞은 다음 Ⓐ의 그릇에 한 번에 붓는다.

5

거품기로 가볍게 섞는다. 가루 느낌이 사라질 정도만 섞는다. 너무 많이 섞지 않도록 주의한다.

6

오븐 시트를 깐 ①의 철판에 ⑤를 붓고 철판의 모서리까지 반죽을 균일하게 펼친 다음 표면을 정리한다.

7

오븐에서 12분 정도 굽고 망에 올려 식힌다. 재료를 섞고 나서 오래 두면 베이킹파우더의 팽창력이 점점 떨어지기 때문에 빠르게 구워야 한다.

자주 사용하는 스펀지케이크나 타르트, 휘핑크림, 커스터드크림 그리고 화과자의 소를 만드는 방법입니다.
건강한 디저트 만들기의 기본을 익혀보도록 합시다.

02
버터를 사용하지 않는
타르트

버터를 식물성 기름으로 바꾸면
반죽을 하기도 편해집니다.
이 반죽을 그대로 틀로 찍어 구워
쿠키를 만들 수도 있습니다.

재료 지름 18cm 타르트 틀 1개 분량

생 참기름(혹은 카놀라유) 5큰술
Ⓐ 전립 박력분 75g, 중력분 70g,
소금 ⅛작은술
Ⓑ 메이플시럽 1½큰술, 두유(혹은 물) 3큰술

밑준비 타르트 틀에 식물성 기름(분량 외)을 바른다.
오븐을 170℃로 예열한다.

← 재료

1
Ⓐ를 그릇에 담고 거품기로 섞은 다음 참기름을 넣고 포크로 섞는다. 손으로 비벼가며 작은 덩어리 형태로 만든다. Ⓑ를 섞어 넣은 뒤 포크로 섞어 둥글게 뭉친다.

2
도마에 랩을 펼치고 ①을 손으로 눌러서 둥그렇게 늘린다. 반죽 위에 랩을 덮고 밀대를 이용해 타르트 틀보다 조금 더 큰 크기의 0.3cm 두께로 늘린다.

3
위에 덮은 랩을 제거하고 아래 랩에 손을 받쳐 반죽을 틀에 올린다. 랩 위를 눌러서 틀에 빈틈없이 꼼꼼하게 반죽을 깐다.

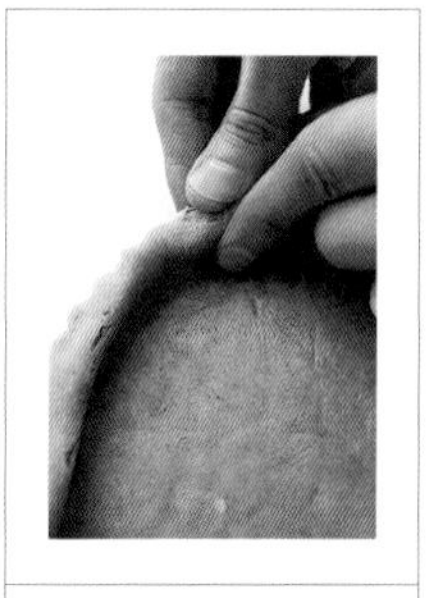

4
랩을 제거하고 틀 위에 밀대를 굴려 가장자리에 남은 반죽을 제거한다. 손가락으로 반죽을 눌러 틀에 맞게 형태를 정리한다.

5
균일하게 열이 통하도록 반죽 바닥 전면에 포크로 구멍을 뚫는다.

6
반죽 위에 오븐 시트를 깔고 누름돌(여기서는 팥)을 올린 뒤 오븐에서 30~35분 동안 굽는다.

7
누름돌과 오븐 시트를 제거하고 다시 오븐에 넣어 5분 정도 굽는다.
구운 색이 나면 꺼내어 철망에 올려 식힌다.

03

생크림을 사용하지 않는
두유 휘핑크림

폭신하면서 크리미한 건강 휘핑크림입니다. 그 비밀은 참마에 있습니다. 살구씨가루는 풍미를 완성하는 역할을 합니다.

재료 약 1컵 분량

참마 40g, 메이플시럽 3큰술,
칡가루 1½큰술, 바닐라 에센스(취향에 따라) 1작은술
Ⓐ 두유 1컵, 한천가루 1작은술,
무가당 살구씨가루 1작은술, 소금 한 자밤

← 재료

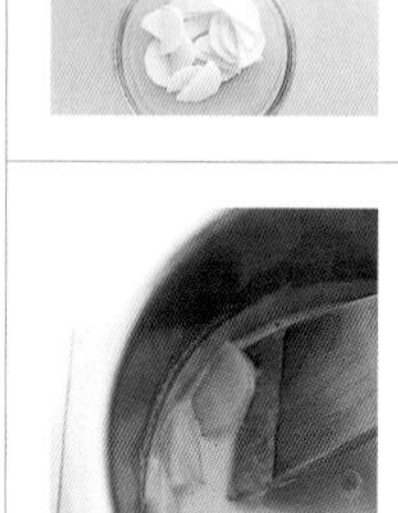

1
참마의 껍질을 벗기고 얇게 자른 다음 Ⓐ와 함께 작은 냄비에 넣고 중불로 가열하며 끊임없이 젓는다. 끓어오르면 약한 불로 줄이고 참마가 익을 때까지 1분 정도 익힌다.

2
메이플시럽을 넣고 물 2큰술로 푼 칡가루를 조금씩 넣어가며 섞는다. 냄비 바닥에 나무주걱의 흔적이 남을 정도로 되직해지면 2분 정도 더 끓인다.

3
그릇에 붓고 젖은 행주를 덮어 식힌다.

4
③이 굳으면 푸드 프로세서나 믹서에 넣고 매끄럽게 될 때까지 돌린다. 도중에 몇 차례 멈춰 고무주걱으로 전체를 섞는다.

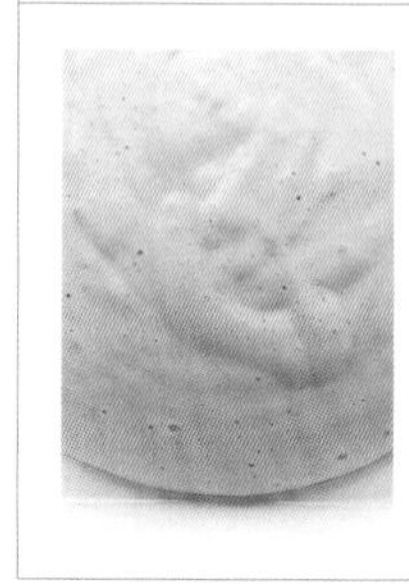

5
바닐라 에센스를 넣고 다시 돌린 다음 매끄러워지면 쟁반에 옮겨서 냉장실에서 식힌다. 냉장실에서 1주일 정도 보관할 수 있다.

04
달걀과 우유를 사용하지 않는
두유 커스터드크림

우유 대신에 두유를, 달걀 대신에
칡과 한천을 사용합니다.
차갑게 식혀가며 섞기 때문에 더욱
크리미하게 만들 수 있습니다.

재료 약 ½컵 분량
지름 18cm의 타르트 틀 1개 분량

바닐라 빈즈(취향에 따라, 혹은 바닐라 에센스 1작은술) ⅙개
Ⓐ 두유 ⅔컵, 쌀엿 1큰술, 메이플시럽 1큰술, 중력분 1큰술(10g), 칡가루 1큰술, 한천가루 ¼작은술, 소금 한 자밤

← 재료

1

그릇에 Ⓐ를 넣고 거품기로 잘 섞은 다음 작은 냄비에 체를 올리고 거른다.

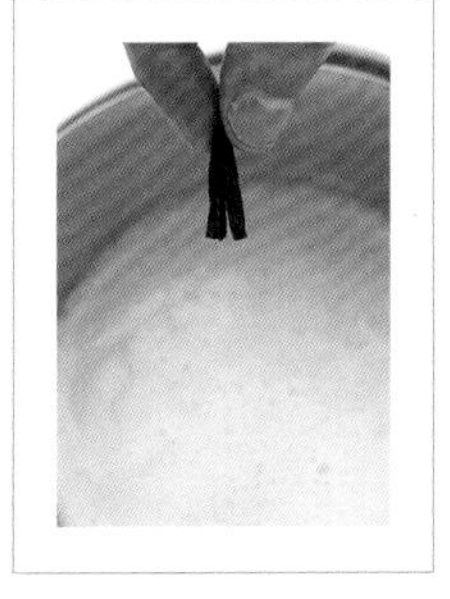

2

바닐라 빈즈는 길이를 반으로 잘라 깍지 채로 ①의 냄비에 넣는다.

3

거품기로 끊임없이 저어가며 약한 중불로 가열하고 굳기 시작하면 약한 불로 줄여 1분 정도 저어가며 끓인다.

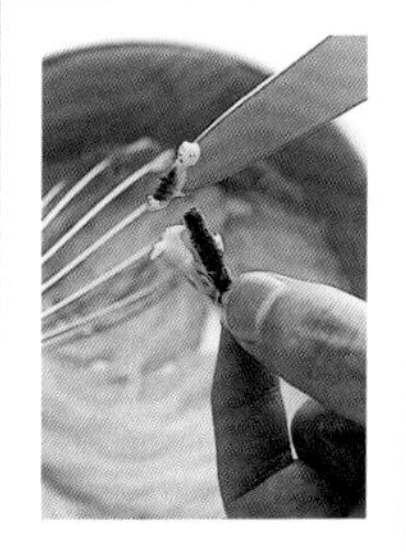

4

바닐라 빈즈는 꺼낸다. 바닐라 씨는 칼등으로 긁어내어 크림에 섞고 깍지는 버린다. 바닐라 에센스를 사용하는 경우라면 지금 넣는다.

5

④를 더욱 크리미하게 만들기 위해 그릇에 옮기고 그릇 바닥을 찬물 위에 놓고 거품기로 섞어가며 식힌다. 냉장실에서 1주일 정도 보관할 수 있다.

05

백설탕을 사용하지 않는 두 가지 팥 소

마크로비오틱의 소는 백설탕을 사용하지 않기 때문에 부드러운 단맛이 납니다. 소를 조금 단단하게 만들어 놓으면 보관이 수월하고 여러 요리에 응용하기도 편합니다. 소는 냉동보관도 가능합니다.

갈지 않은 팥 소 재료
약 500g 분량

팥 200g, 다시마(우표 크기) 1장
Ⓐ 쌀엿 ½컵, 비정제 첨채당 45g, 소금 한 자밤

← 재료

①
팥은 물을 넉넉하게 부어 6시간에서 하룻밤 정도 불린다.

②
냄비에 물기를 뺀 팥과 다시마를 넣고 팥이 2cm 정도 잠길 정도의 물을 부어 열을 가한다. 끓어오르면 1컵 정도의 물을 더 넣고 끓인다.

③
다시 끓어오르면 뚜껑을 덮어 약한 불로 줄이고 손가락으로 눌러 팥이 으깨질 정도까지 약 40분 동안 삶는다. 항상 팥이 물에 잠겨 있도록 도중에 물을 더 넣는다.

④
삶은 팥은 채반에 펼쳐 물기를 뺀 다음 다시마는 빼고 다시 냄비에 담는다. 나무 절구로 팥을 찧어 거칠게 으깬다.

⑤
④에 Ⓐ를 넣고 약한 불로 가열하여 탄력이 생길 때까지 나무 주걱으로 반죽한다.

⑥
소량씩 쟁반에 옮기고 젖은 행주로 덮는다. 식으면 전체를 합치고
손으로 가볍게 주물러 섞어 사용한다. 냉장실에서 5일 정도 보관할 수 있고 냉동도 가능하다. 물에 타서 팥죽으로 만들 수도 있다.

● **간 팥 소** 재료는 갈지 않은 팥 소와 동일하다. ③까지 같은 방법으로 만든다. 팥이 부드럽게 익으면 국물을 버리고 다시마를 꺼낸 다음 푸드프로세서로 부드럽게 간다. 그리고 ⑤처럼 다시 냄비에 넣고 반죽한다.

06

백설탕을 사용하지 않는 흰콩소

건강한 화과자를 만들고 싶다면
흰 콩 소를 알아야 하며,
흰 콩 소를 활용하면 더욱 다양한
디저트를 만들 수 있습니다.
콩은 흰 강낭콩 이외에 '시로하나마메 白花豆' 등을 사용할 수 있습니다.

재료 2컵 분량(400g)

흰 강낭콩(혹은 긴토키마메, 긴테보우, 시로하나마메) 200g, 다시마(우표 크기) 1장
Ⓐ 비정제 첨채당 30g, 메이플시럽(혹은 쌀엿) ⅓컵, 소금 한 자밤

← 재료

1

콩을 넉넉한 양의 물에 담가 6시간에서 하룻밤 동안 불린다.

2

냄비에 물기를 뺀 콩과 다시마를 넣고 콩이 2cm 정도 잠길 정도의 물을 부어 끓인다.

3

끓어오르면 표면에 떠오른 거품을 정성스럽게 제거하고 물 1컵을 더 넣는다.

4

다시 끓어오르면 뚜껑을 덮어 약한 불로 줄이고, 손가락으로 눌러 콩이 으깨질 정도까지 40분 정도 익힌다. 항상 콩이 물에 잠겨 있도록 도중에 물을 더 넣는다.

5

물기를 빼고 다시마는 제거한 뒤 콩을 으깨거나 푸드프로세서로 매끄럽게 간다. 껍질이 있는 시로하나마메 등은 식감을 좋게 하기 위해 체로 거른다.

6

다시 콩을 냄비에 넣고 Ⓐ를 넣은 다음 약한 불로 가열하여 탄력이 생길 때까지 나무주걱으로 반죽한다. 쟁반에 옮겨 젖은 행주를 덮어 식으면 손으로 가볍게 주물러 섞어 사용한다.
냉장실에서 5일 정도 보관할 수 있고 냉동도 가능하다.

Basic ingredient

마크로비오틱 스위츠의 재료

FLOUR PRODUCTS

01 가루제품

Ⓐ Ⓑ Ⓒ

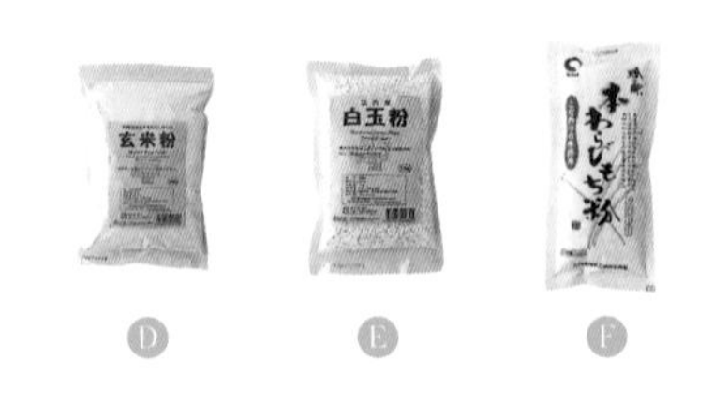
Ⓓ Ⓔ Ⓕ

소맥분 류

소맥분은 과자의 기본적인 재료로 되도록이면 정백하지 않은 '전립분' 타입을 선택합니다. 전립분은 영양이 풍부하며 식물섬유도 많기 때문입니다. 가끔씩 정백한 가루를 넣으면 가벼운 식감을 즐길 수 있습니다.
가루에 포함되어 있는 글루텐(소맥 단백질)양이 적은 것부터 박력분Ⓐ, 중력분Ⓑ, 강력분Ⓒ으로 나눕니다. 박력분은 쿠키처럼 굽는 과자를 만들고 싶을 때, 강력분은 빵 이외에도 달걀을 사용하지 않는 폭신폭신한 과자를 만들 때 박력분에 조금 섞어 사용합니다. 중력분은 박력분과 강력분의 중간 성질로서 용도가 다양하여 편리합니다. 소맥분은 생산된 지역에 따라 서로 다른 개성을 가지고 있습니다.

그 외의 가루 류

현미를 가루로 만든 현미가루Ⓓ는 소맥분과 섞어서 케이크나 쿠키에 넣으면 가벼운 느낌과 은은한 단맛을 낼 수 있습니다. 화과자인 '당고' 등에 사용되는 백옥분Ⓔ은 찹쌀을 가루로 만든 것입니다. 전통적인 제법으로 만들어진 타입이 풍미가 좋으며 식감도 좋습니다. '고사리떡(와라비모치)'에 사용하는 고사리 가루는 고사리의 뿌리와 줄기에서 추출한 전분입니다. 가능하면 본(本)고사리 가루를 추천하지만 구하기 쉬운 고사리떡 가루Ⓕ 중에서 좋은 것으로 사용해도 됩니다.

파트리시오의 메모

달콤한 맛이 부드러우며 건강한 마크로비오틱 스위츠. 그 맛을 내기 위해서는 식재료의 선택이 중요합니다. 가능하다면 신선하고 질이 좋은 오가닉(organic) 식품을 선택합니다. 일반적인 오가닉 식품은 토양에서부터 재배, 수확, 보관, 운송까지의 과정 중 합성화학물질을 사용하지 않은 것입니다. 오가닉 식품에는 본래의 영양이 가득 담겨 있고 맛도 훨씬 좋습니다. 이러한 식재료들은 자연식품 코너나 인터넷을 통하여 구할 수 있습니다. 좋은 식재료를 선택하는 것으로 자신의 건강은 물론이며 환경을 지키는 일에 공헌할 수 있습니다.

02 감미료

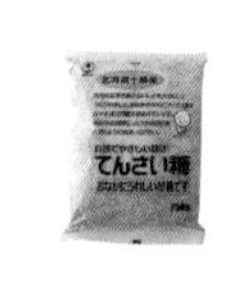

Ⓐ Ⓑ Ⓒ

Ⓓ Ⓔ Ⓕ

Ⓖ Ⓗ

곡물 베이스 감미료

마크로비오틱의 과자는 정제되지 않은 자연의 감미료를 사용합니다. 자연적인 감미료 중에는 곡물에서 만든 감미료가 가장 건강하고 좋은 단맛이 납니다. 곡물 베이스의 감미료에는 곡물 전분을 효소로 분해하여 만든 쌀엿(쌀 물엿)Ⓐ과 곡물을 누룩만으로 발효시킨 '감주'가 있습니다. 이 두 가지 모두의 주성분인 다당류는 체내에서 천천히 소비되는 성질이 있으며, 일반적인 백설탕에 포함된 단당류처럼 혈당수치를 급격하게 상승시키지 않습니다. 현미에서 만들어진 현미쌀엿Ⓑ이나 현미감주Ⓒ가 있습니다.

비정제 첨채당

첨채당ⒹⒺⒻ은 모양이 순무와 비슷한 첨채(설탕무 혹은 비트)에서 당액(糖液)을 추출하여 탈수시킨 것입니다. 백설탕의 원료이기도 하며 일본에서는 홋카이도가 주산지입니다. 양질의 첨채당은 정제되지 않았거나 최소한으로 정제된 것으로, 파우더 형태로 된 사용하기 편한 감미료입니다.

퓨어 메이플시럽과 메이플슈거

퓨어 메이플시럽Ⓖ은 주로 북미대륙에서 사용되어온 전통적인 감미료로 설탕단풍나무 수액 40L를 1L가 될 때까지 졸여서 만듭니다. 과립 형태의 메이플슈거Ⓗ는 퓨어 메이플시럽을 탈수하여 결정화 시킨 것입니다.

I J K L

과일이나 채소로 만든 감미료

과일이나 채소를 자연 가공한 주스 Ⓘ Ⓙ나 잼Ⓚ 등은 디저트에 부드러운 단맛과 색을 더하는 효과가 있습니다. 햇볕에 말린 과일Ⓛ도 디저트에 잘 어울립니다. 마른 과일에는 당분이 농축되어 있어서 신선한 과일보다 강한 단맛이 납니다.

03 응고제와 팽창제

A B C D E

차갑게 먹는 젤리나 물양갱처럼 미끈한 식감 즉, 목 넘김을 즐기는 과자에는 응고제가 필요합니다. 마크로비오틱의 과자에는 동물성 젤라틴을 사용하지 않기 때문에 칡가루나 한천을 활용합니다.

칡가루는 콩과의 식물인 칡의 뿌리에서 얻은 전분입니다. 보통은 굵은 가루Ⓐ 형태로 팔며 분말 타입Ⓑ도 있습니다. 해초로 만든 한천은 비타민과 미네랄이 풍부하게 함유된 응고제입니다. 막대 한천 외에도 이 책에서 사용한 한천가루Ⓒ와 한천 플레이크Ⓓ가 있습니다. 한천가루와 플레이크는 계량하기가 쉽고, 물에 잘 녹기 때문에 편리합니다. 다만 한천 플레이크는 제품에 따라 응고되는 정도가 다르기 때문에 시험해보고 사용하도록 합시다.

오븐 안에서 반죽이 점점 부풀어 오르는 것을 보는 것도 과자 만들기의 즐거움 중 한 가지입니다. 이 책에서 사용하는 팽창제는 사용하기가 쉽고 간편한 베이킹파우더입니다. 반드시 알루미늄 무첨가인 것Ⓔ을 선택해야 합니다(자연 식품점에 있습니다). 또한 몸에 미치는 영향이 크기 때문에 적은 양을 사용해야하며, 체질이 약한 사람은 거의 사용하지 않거나 피하는 편이 좋습니다. 알루미늄은 몸에 해롭다고 지적되는 성분이므로 알루미늄이 들어있는 베이킹파우더는 추천하지 않습니다.

SOYBEAN PRODUCTS

04 대두제품

Ⓐ Ⓑ

유제품을 사용하지 않는 마크로비오틱은 두유ⒶⒷ 등의 대두 제품이 디저트의 베이스가 되는 경우가 있습니다. 경우에 따라 동물성 생크림을 사용합니다. 두유의 맛에 따라 디저트의 완성도가 좌우되기 때문에 전통적인 제조 방법으로 만들어져 맛있고 질이 좋은 것을 추천합니다. 동네 두부 가게에서도 질이 좋은 두유를 팔고 있습니다.

VEGETABLE QUALITY OILS

05 식물성 기름

Ⓐ Ⓑ

동물성 버터를 사용하지 않는 이 책에서는 파이 등의 반죽에도 식물성 기름을 사용합니다. 가장 양질의 식물성 기름은 저온에서 자연적으로 압축하고 최소한으로 여과하여 맛과 영양가를 남긴 것입니다. 가장 근접한 것이 볶지 않은 참깨로 짜서 색이 투명한 생 참기름Ⓐ과 채종유(카놀라유)Ⓑ입니다. 품질과 향이 좋으며 구하기 쉽기 때문에 최적의 재료입니다. 자연적인 식물성 식품에 포함되어 있는 불포화지방산은 체내에서 소화가 쉬운 성질을 갖습니다. 반면, 포화지방산과 콜레스테롤 등의 동물성지방, 과도하게 가공 및 정제된 트랜스 지방 등은 몸에 좋지 않습니다.

NATURAL FLAVORS AND SEASONINGS

06 향신료와 조미료 류

Ⓐ Ⓑ Ⓒ

Ⓓ Ⓔ Ⓕ Ⓖ

디저트에 화려한 매력을 더해주는 향신료와 조미료입니다. 이 책에서는 양질의 바닐라 에센스Ⓐ, 시나몬Ⓑ, 곡물 커피Ⓒ나 허브 티Ⓓ, 살구씨가루Ⓔ 등을 사용하여 고급스럽고 부드러운 향의 디저트를 만들고 있습니다. 이 또한 가급적 유기농을 선택하면 좋습니다. 발사믹 식초Ⓕ나 전통적인 방법으로 만들어진 미림Ⓖ 등으로 맛의 변화와 깊이를 더하는 경우도 있습니다. 소금은 스위츠에 딱 한 자밤 넣는 것만으로도 단맛을 이끌어내고, 맛을 부드럽게 합니다. 소금의 미네랄 성분은 디저트를 소화하기 쉽게 만드는 효과도 있습니다.

Index

재료별 찾아보기

유제품 알레르기가 있는 분들에게

이 책에 나오는 두유 휘핑크림(90쪽), 향신료와 조미료 종류(94쪽)에서 소개하는 '살구씨가루'에는 밀크 파우더가 포함되어 있을 가능성이 있습니다. 시중에 판매되는 살구씨가루의 재료에 '밀크 파우더'가 적혀있지 않아도 마찬가지입니다. 그렇기 때문에 유제품에 알레르기가 있다면 두유 휘핑크림을 만들 때 아래 방법 중 한 가지를 선택하여 만들거나 아몬드가루로 대체 하세요.

☑ 살구씨가루 1작은술을 넣지 않고 만든다.

☑ 살구씨가루 1작은술 대신 아몬드 에센스 약간을 사용한다.

☑ 바닐라 에센스 1작은술을 2작은술로 늘린다.

이 책의 계량 기준

1컵은 200ml, 1큰술은 15ml, 1작은술은 5ml입니다.

쿠시 마크로비오틱 스쿨 코리아

쿠시 마크로비오틱 스쿨 코리아(KUSHI MACROBIOTIC SCHOOL of KOREA)는 미국의 쿠시 연구소로부터 시작된 마크로비오틱 전문 교육기관으로 현재 일본, 스페인 등 여러 국가에서 한국과 같은 마크로비오틱 교육기관을 운영하고 있다. 한국마크로비오틱협회가 운영하는 마크로비오틱 전문 교육기관인 '마크로비(MACROVIE)'가 2018년부터 KIJ(Kushi Institute of Japan)와 라이선스 체결 후 동일한 자격으로 세계에서 인정받는 마크로비오틱 한국 교육기관이 되었다.

전통 식생활에 기반한 마크로비오틱 식생활은 현대의 식생활로부터 생기는 다양한 문제들이 커질수록 그 가치를 인정받고, 주목받게 되었습니다. 바로 이것이 세계인들이 마크로비오틱 식문화에 집중하는 이유이다. 쿠시 마크로비오틱 스쿨은 균형잡힌 삶을 추구하는 요리학교이다. 우리는 균형잡힌 삶의 시작을 '식사'에서부터 찾아본다. 마크로비오틱의 식사는 자연의 섭리 속에 바르고, 옳게 자라난 식재료와 몸의 컨디션에 따른 적절한 조리방법을 이용한다. 통곡물, 채소, 해조류 요리 등을 활용하여 몸에 무리가 되지 않고, 자연을 훼손하지 않는 식생활을 지향한다.

쿠시 마크로비오틱 스쿨에서 배우는 것은 단순한 요리법이 아니다. 왜냐하면 몸과 마음은 이어져 있기 때문이다. 균형잡힌 건강한 몸은, 건강한 생각과 행동을 하도록 도와준다. 자신에 대해 생각할 힘을 만들어 주며, 생각한 것을 실천할 수 있는 실천력도 갖게 한다. 타인에 대해 생각하고 이해와 배려하는 힘도 생겨난다. 식사의 조정을 통한 몸의 균형은 곧 자연과도 조화를 이루는 하나의 '라이프스타일'이라고 해도 과언이 아닌 이유이다.

KUSHI
MACROBIOTIC
SCHOOL
OF KOREA

쿠시 코리아의 다양한 교육 공간과 전문 교재.

쿠시 마크로비오틱 스쿨 코리아 클래스 혜택

- 마크로비오틱을 생활 속에서 실천할 수 있도록 기초단계부터 체계적으로 배우고 이해하는 커리큘럼
- 쿠킹클래스를 충실하게 뒷받침할 수 있는 마크로비오틱 전문 이론 교재 제공
- 경험과 개성이 넘치는 강사들의 다채로운 강의
- 식재료에 대한 이해 및 함께 조리하고 식사까지 하는 풍성한 실습과 경험 위주의 교육
- 소규모 정원으로 진행되어 집중력 높은 수업 진행
- 질문 및 논의 가 자유로운 소통 중심의 교육과 충분한 수업
- 일본, 스페인, 영국, 브라질에 있는 쿠시 스쿨의 국제적인 교육 자료를 공유 및 교육과정 편입 가능
- 각 커리큘럼 마다 수료증 발급
- 리마인드 수업이 있어 여러 방면으로 마크로비오틱 실천가와 교류 가능

쿠시 마크로비오틱 스쿨 코리아의 수업

리더십 1	베이식 10강	어드밴스드 7강
리더십 2	봄학기와 가을학기로 나눠 서울-도쿄 교차 수업 16강	
프렌치 마크로비오틱	14강(일본 후쿠오카 현지 수업 2회 포함)	
카사네니	기초에서 전문가까지 총 12회	
원데이클래스	비정규적으로 열리는 초보자를 위한 마크로비오틱 쿠킹 클래스	
리마인드 수업	정규수업 졸업생들을 위한 마크로비오틱 조리 및 이론 워크숍	

- 리더십 1 → 마크로비오틱 쿠킹 어드바이저 자격 부여(식생활관리사 1, 2급)
- 리더십 2 → 마크로비오틱 인스트럭터 학습 자격 부여
- 프렌치 마크로비오틱 → 프렌치 마크로비오틱 디플로마 발급
- 카사네니 → 수료증 발급

쿠시 마크로비오틱 스쿨 코리아

서울 용산구 녹사평대로42길 9(이태원동)

02-792-4952

macrovie@naver.com

kushi_macrobiotic_korea@instagram

blog.naver.com /macrovie

마크로비오틱
스위츠

펴낸 날 초판 2019년 9월 1일

지은이 파트리시오 가르시아 드 파레데스
옮긴이 최우영

펴낸이 김민경
만든이 이명희

디자인 임재경(Another design)
교열·교정 그레이스 최
인쇄 도담프린팅
종이 영지페이퍼

펴낸 곳 팬앤펜(PAN n PEN)출판사
출판등록 제307-2015-17호
주소 서울 성북구 삼양로43 IS빌딩 201호
전화 02-6384-3141
팩스 0507-090-5303
전자우편 panpenpub@gmail.com

만든 곳 쿠시 마크로비오틱 스쿨 코리아(KUSHI MACROBIOTIC SCHOOL KOREA)
주소 서울 용산구 녹사평대로42길 9(이태원동)
전화 02-792-4952
전자우편 macrovie@naver.com

ISBN 979-11-965125-1-4(13590)
값 12,000원